小物控愛鉤織！
可愛の繡線花樣編織

寺西惠里子◎著

小物控愛鉤織！

可愛の繡線花樣編織

Contents

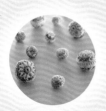

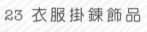

Flower

花朵

只需少許繡線即可完成
小巧可愛
又繽紛多彩的花朵……

How to make ● P.33至P.35

Flower

How to make　P.36

花朵髮箍

將花樣織片貼在髮箍上吧！
參加派對時，
就選擇與禮服搭配的顏色。

Flower

How to make　P.36

玫瑰戒指

一圈一圈捲製而成的玫瑰，
溫柔的粉色繡線為其重點。

How to make　P.36

小花耳環

轉眼之間即可作成的
可愛耳環，
亦可搭配服裝的顏色！

How to make ● P.36

花朵耳環

串聯了三個不同種類的花朵織片，
輕盈搖曳的耳環。

How to make ● P.36

玫瑰髮夾

只需黏貼在髮夾上，超簡單！
不妨多作幾個，
並排著夾在頭髮上也很棒喔！

How to make ● P.36

花朵吊飾

華麗成型的
花朵吊飾。
可以掛在手機或包包上……

Flower

How to make　P.39

Flower Ball 花球

圓滾滾的可愛花球。
請恣意享受配色的樂趣，
創作出獨一無二的作品吧！

How to make ● P.37至P.38

花球髮簪

隨身不時晃動的髮簪。
搭配和服
來選擇顏色也不錯喔！

How to make　P.39

How to make　P.39

花球戒指

迷你可愛的戒指。
這類小巧的小物，
編織的牢靠度非常重要！

花球耳環

不論左右成對，
或左右相異……
皆是別有趣味的耳環。

How to make　P.39

Sweets

甜 點

色澤美麗又可愛，
小巧而精緻的甜點⋯⋯
豐富的色彩變化也是亮點之一喔！

蛋糕 & 水果塔

奶油佐水果，
可愛的裝飾完成！
挑選自己喜愛的顏色來創作吧！

How to make ● P.40至41

馬卡龍＆餅乾

超人氣的馬卡龍繽紛多彩，
餅乾的形狀＆顏色超擬真……
都是能快速完成的甜點唷！

How to make　　P.43

How to make　　P.42

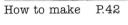

冰淇淋

草莓口味再加一球藍莓口味，
一層、兩層、三層……
隨心所欲地添加上喜愛的口味吧！

Sweets

How to make　P.44

杯子蛋糕項鍊

小巧精緻的蛋糕，
變成了流行的配件！
鍊條為金色。

How to make　P.44

How to make　P.44

冰淇淋項鍊

萊茵石是畫龍點睛的點綴！
相當適合作為搭配 T 恤的夏季飾品。

水果塔戒指　頗富趣味又可愛的戒指，
只需以接著劑黏貼即可完成。

馬卡龍耳環

接上鍊條，
輕晃搖曳的馬卡龍完成！
以喜愛的顏色自由創作吧！

甜點鑰匙圈

平衡感佳！
顏色豐富多彩！
串接上喜愛的甜點吧！

Fruits

水果

製作時充滿了樂趣，
完成元氣飽滿的水果！
雖然迷你，真實度可是破表唷！

How to make　P.45至P.48・P.53

水果吊飾

繫上自己喜歡的水果，
作出元氣十足的熱帶風吊飾！

Fruits

How to make　P.48

櫻桃防塵塞吊飾

毫不突兀的視覺亮點！
每當使用手機時，
那微微晃動的模樣相當可愛唷！

How to make　P.48

水果寶特瓶蓋

為了方便辨識自己的寶特瓶，
而在寶特瓶的瓶蓋上黏貼水果裝飾！

How to make　P.48

How to make　P.48

草莓髮夾

小巧的草莓就已經超可愛了，
若作成帶有葉子＆花朵的髮夾，
無論大人小孩都會喜歡唷！

Bag

提袋

從夏日的馬爾歇包＆後背包，
盡情享受條紋的樂趣，
自由選擇顏色鉤織吧！

How to make　P.49至P.52

提袋鍊條飾品

將小巧的提袋繫上金屬配件。
選擇粉紅款或藍色款，
可以視當天的心情來更換喔！

提袋項鍊

只需穿過皮繩即可完成的簡易項鍊，
皮繩的顏色是重點！

How to make　P.53

手提袋防塵塞吊飾

將可愛的粉紅色手提袋
輕輕地點綴在手機上，
心情就一整個舒暢了起來。

How to make　●　P.53

How to make　　P.53

Small Articles

造型小物織片

人氣的造型小物織片。
以金黃色或銀色的繡線來鉤織吧！
尺寸愈小，就得織得愈牢固喔！

How to make　P.54至P.57

蝴蝶戒指

只需黏在台座上
即可完成的戒指。
宛如一隻停留在手指上的蝴蝶般……

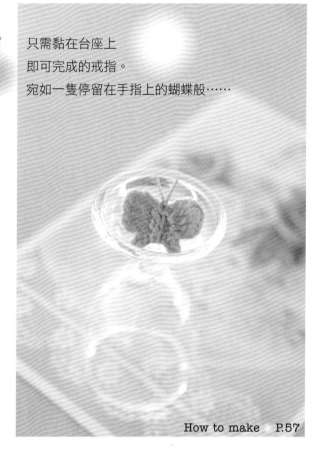

造型小物手鐲

將喜歡的造型小物織片繫在金屬配件上，
再穿入手鐲即可！
接連上搖曳的造型小物織片之後，更顯精緻哩！

How to make　P.57

How to make　P.57

How to make　P.57

鑰匙耳環

金色＆銀色的鑰匙。
耳飾的金屬配件有許多款式……
透過不同的金屬配件，
可以展現多變的氛圍。

Clothes

衣服

製作過程中充滿了歡樂的作品。
以設計師的心情來完成每件衣服吧！
顏色可依個人喜好搭配。

衣服掛鍊飾品

T恤配上裙子，
以喜愛的顏色來鉤織，
再依喜好的順序串聯起來吧！

How to make　P.64

外套帽針

可以別在圍巾或披肩上，
或是裝飾於包包上，
用途千變萬化……

How to make　P.64

How to make　P.64

毛線衣項鍊

將絢麗多彩的鉤織毛衣
製作成皮繩項鍊。
與樣式簡單的毛衣搭配也OK喔！

流 行 雜 貨

Fashion Goods

帽子或鞋子……
以這些趣味十足的造型小物來裝飾，
也別有一番風味。

How to make ▶ P.64至P.68
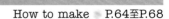

帽子＆靴子項鍊

以小巧玲瓏的圓帽＆可愛的繫繩高筒靴，
呈現出自然風格的項鍊。

How to make　P.69

針織造型小物項鍊

搭配繡線的顏色，
穿過色澤美麗的皮繩。
一次串聯兩個小物也很可愛唷！

How to make　P.69

襪子吊飾

清純潔白的可愛襪子吊飾，
搭配上金色的金屬配件！

How to make　P.69

Animals

動 物

如指尖般大小……
非常迷你的鉤織玩偶。
可以當成禮物贈送給心愛之人。

How to make ▪ P.70至P.71

熊熊耳環

金色的蝴蝶結可愛討喜，
以藍色＆茶色配對，
再繫上金色的金屬配件……

How to make　P.73

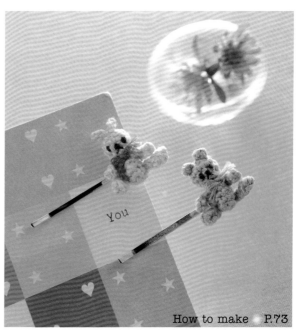

熊熊＆兔兔髮夾

只需黏在髮夾上，
即可輕鬆完成。
一次黏兩個也很可愛哩！

How to make　P.73

27

Mens Goods

男士用品

織一件男士或男孩們喜歡之物作為贈禮，
肯定會讓他們大吃一驚！

動物臉譜徽章別針

帥氣又可愛！
以繡線的光澤
營造出高質感的動物模樣。

How to make ● P.72至P.73

交通工具

將顏色換成自駕車的配色，
或自由搭配成所愛的色系，
會更加討喜喔！

How to make ● P.74-75

照相機 & 喇叭

男孩的小物要織得結實一些，
才會更有型！
鉤一件令人會心一笑的小物吧！

How to make ● P.75至P.76

How to make　P.72至P.73

動物臉譜徽章別針

襯衫、毛線衣、領帶、帽子或包包，
希望對方能自然地別上徽章別針。

汽車鑰匙圈

不限大人或小孩，
使用範圍很廣的鑰匙圈。
車子要織得緊實牢固喔！

Mens Goods

How to make　P.76

飛機手機吊飾

每當撥打電話時……
小巧的飛機就成為聚焦亮點的
迷你手機吊飾。

How to make　P.76

照相機掛鍊飾品

只需繫上金屬配件，
即可隨意加裝在
鑰匙圈或鉛筆盒上的鍊飾。

How to make　P.76

31

後記

以美麗的繡線
創作出迷你小物的可愛世界

每一針、每一線，
只需仔細地鉤織，

就能留下令人暖心的回憶。

儘管只是少許遺留的剩線，
儘管只是一些零碎的時間，

都能讓你感受到手作的樂趣。

完成的作品
請試著配戴於身上。

屆時……
心頭肯定會湧上一股暖暖的感動。

因為每一件小小的作品裡
都蘊含著最大的心意……

寺西 惠里子

作品の作法

本書的作品皆使用Olympus製絲株式會社的繡線。
繡線（ ）內的號碼表示Olympus 25號繡線的色號。

花朵織片一覽表參見P.34。

花朵A
P.4至P.7

線材 Olympus 25號繡線
A-1：黃色（522）白色（800）
A-2：黃色（522）藍色（363）
A-3：橘色（171）奶油色（520）
A-4：黃色（522）粉紅色（105）

針具 蕾絲鉤針4號・縫針

織圖

接線。
剪線。

配色組合	第①段	第②段
A-1	黃色	白色
A-2	黃色	藍色
A-3	橘色	奶油色
A-4	黃色	粉紅色

花朵B
P.4・P.6

線材 Olympus 25號繡線
B-1：黃色（544）奶油色（540）
B-2：金黃色（S106）紫色（672）
B-3：深粉紅色（127）粉紅色（102）
B-4：藍色（371）水藍色（370）

針具 蕾絲鉤針4號・縫針

織圖

接線。
剪線。

配色組合	第①段	第②段
B-1	黃色	奶油色
B-2	金黃色	紫色
B-3	深粉紅色	粉紅色
B-4	藍色	水藍色

花朵D
P.4至P.6・P.8

線材 Olympus 25號繡線
D-1：金黃色（S106）藍色（370）
D-2：金黃色（S106）粉紅色（1041）
D-3：金黃色（S106）奶油色（520）
D-4：金黃色（S106）象牙色（850）

針具 蕾絲鉤針4號・縫針

織圖

剪線。
接線。

配色組合	第①段	第②段
D-1	金黃色	藍色
D-2	金黃色	粉紅色
D-3	金黃色	奶油色
D-4	金黃色	象牙色

花朵E
P.4至P.7

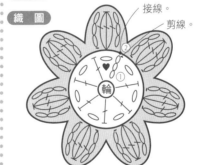

線材 Olympus 25號繡線
E-1：藍色（371）水藍色（370）
E-2：黃色（544）白色（800）
E-3：深粉紅色（1045）粉紅色（1041）
E-4：金黃色（S106）黃色（541）

針具 蕾絲鉤針4號・縫針

織圖

接線。
剪線。

配色組合	第①段	第②段
E-1	藍色	水色
E-2	黃色	白色
E-3	深粉紅色	粉紅色
E-4	金黃色	黃色

※第②段是於前段
鎖針下方的洞中（♥）
穿入鉤針。

花朵H
P.4至P.8

線材 Olympus 25號繡線
H-1：黃色（542）
H-2：金黃色（S106）
H-3：粉紅色（125）
H-4：紫色（672）
H-5：藍色（363）

針具 蕾絲鉤針4號・縫針

織圖

起針處

花朵I
P.4至P.8

線材 Olympus 25號繡線
I-1：藍色（363）
I-2：粉紅色（125）
I-3：金黃色（S106）
I-4：紫色（672）
I-5：黃色（541）

針具 蕾絲鉤針4號・縫針

織圖

起針處

花朵F

P.4至P.6

線 材 Olympus 25號繡線
F-1：白色（800）粉紅色（1044）
F-2：白色（800）藍色（362）
F-3：白色（800）紫色（600）
F-4：白色（800）黃色（541）

針 具 蕾絲鉤針4號・縫針

織 圖

配色組合

	第①段	第②段
F-1	白色	粉紅色
F-2	白色	藍色
F-3	白色	紫色
F-4	白色	黃色

接線。

剪線。

花朵G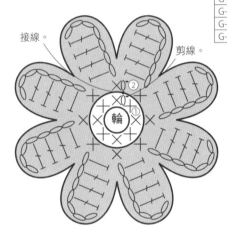

P.4至P.6

線 材 Olympus 25號繡線
G-1：粉紅色（1044）白色（800）
G-2：金黃色（S106）白色（800）
G-3：黃色（522）白色（800）
G-4：金黃色（S106）粉紅色（1041）

針 具 蕾絲鉤針4號・縫針

織 圖

配色組合

	第①段	第②段
G-1	粉紅色	白色
G-2	金黃色	白色
G-3	黃色	白色
G-4	金黃色	粉紅色

接線。

剪線。

花朵織片

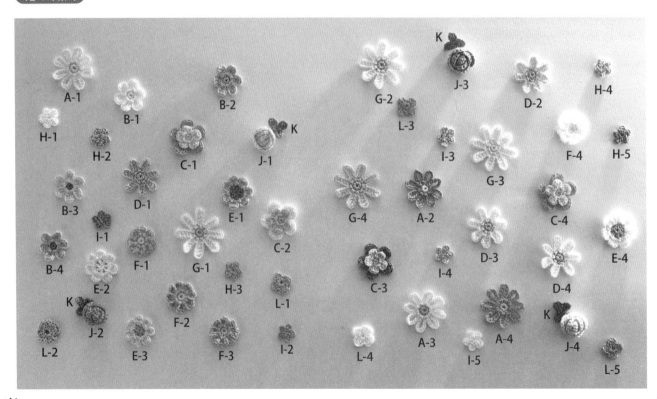

花朵C

P.4至P.7

線 材 Olympus 25號繡線

C-1：淺粉紅色（1041） 粉紅色（1045）
C-2：粉紅色（124） 白色（800）
C-3：水藍色（370A） 藍色（371A）
C-4：淺橘色（169） 橘色（184）

針 具 蕾絲鉤針4號・縫針

作 法

織 圖

[花朵上層]

[花朵下層]

花朵上層

花朵下層

於中心處縫合固定。

配色組合

	花朵上層	花朵下層
C-1	淺粉紅色	粉紅色
C-2	粉紅色	白色
C-3	水藍色	藍色
C-4	淺橘色	橘色

※第③段是於前段鎖針的
繩圈下（♥）穿入鉤針。

花朵J・K

P.4至P.8

線 材 Olympus 25號繡線

J-1：粉紅色（102）
J-2：深粉紅色（105）
J-3：藍色（3705A）
J-4：黃色（544）
K：綠色（231）

針 具 蕾絲鉤針4號・縫針

織 圖

作 法

J

由側邊往內捲之後，
縫合固定。

K

接縫。

[K]

起針處

收針處

[J]

②→

起針處

起針
鎖針33針

花朵L

P.4至P.6・P.8

線 材 Olympus 25號繡線

L-1：翡翠綠（220）
L-2：金黃色（S106）
L-3：紫色（673）
L-4：黃色（541）
L-5：粉紅色（125）

針 具 蕾絲鉤針4號・縫針

織 圖

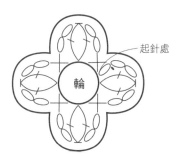

起針處

輪

花圈 P.6

（材料）花圈底座（直徑12cm）：1個
花朵：A-1・A-2・B-1・C-1・D-1・E-2・E-3・E-4・
F-1・G-3・H-1・H-5・I-4・I-5・K・L-3・L-5

（作法）

G-3　F-1　花圈底座
E-4
H-5　　　　　　　　　　　H-1
E-3　　　　　　　　　　　A-2
K　　　　　　　　　　　E-2
L-3　　　　　　　　　　I-4
C-1　　　　　　　　　　K
I-5　　　　　　　　　　B-1

A-1　　D-1　　L-5　　以手藝用白膠黏貼。

花朵髮箍 P.7

（材料）髮箍：1個
花朵：A-3・C-1・E-2・E-4・H-1・
I-2・I-5

（作法）以手藝用白膠黏貼。

E-2
I-5　　　　　　　　C-1
E-4　　　　　　　　H-1
I-2　　　　　　　　A-3

髮箍

玫瑰戒指 P.7

（材料）戒指（附戒台）：1個
花朵：J-1・K

（作法）

以塑膠專用接著劑黏貼。
指輪

J-1　　　K

小花耳環 P.8

（材料）耳飾金屬配件：1對
單圈：2個
花朵：H-1・H-3

（作法）

以單圈連接。
耳飾金屬配件

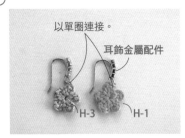

H-3　　　H-1

玫瑰髮夾 P.8

（材料）髮夾（附台面）：1個
花朵：J-3・K

（作法）

以塑膠專用接著劑黏貼。

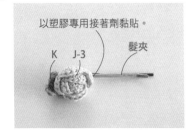

K　　J-3　　髮夾

花朵耳環 P.8

（材料）耳飾金屬配件：1對
單圈：6個
花朵：D-3・D-4・I-1・I-4・L-1・
L-4

（作法）　　　　以單圈連接。

耳飾金屬配件

I-1　　　　　　　I-4
L-1　　　　　　　L-4

D-3　　　　　　D-4

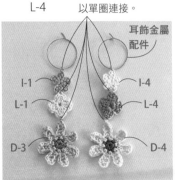

花球A

P.10至P.11

線 材 Olympus 25號繡線
A-1：翡翠綠（221） 白色（800） 金黃色（S106） 深粉紅色（127） 水藍色（362）
A-2：金黃色（S106） 紫色（672） 山吹色（522） 淺黃色（540） 藍色（3052）
A-3：黃色（541） 粉紅色（104） 水藍色（362） 翡翠綠（221） 橘色（171）
化纖棉

針 具 蕾絲鉤針4號・縫針

作 法

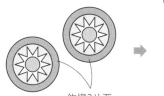

鉤織2片至
第④段。

第⑤段是將2片對齊後，
鉤織短針。

織 圖 [主體2片]
※第③段是於前段鎖針的繩圈下（♥）穿入鉤針。
※第④段的2針短針是於前段鎖針下方的洞中（★）
　穿入鉤針。
※第⑤段是將2片對齊後鉤織。

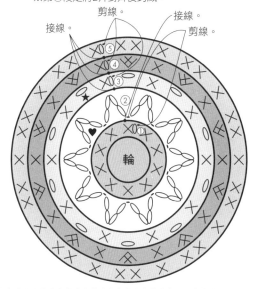

配色組合

	第①段	第②段	第③段	第④段	第⑤段
A-1	翡翠綠	白色	金黃色	深粉紅色	水藍色
A-2	金黃色	紫色	山吹色	淺黃色	藍色
A-3	黃色	粉紅色	水藍色	翡翠綠	橘色

花球C

P.10至P.11

線 材 Olympus 25號繡線
C-1：橘色（169） 翡翠綠（220） 粉紅色（125） 藍色（363）
C-2：淺黃色（5205） 紫色（673） 黃綠色（228） 粉紅色（103）
C-3：粉紅色（1042） 白色（800） 紅色（701） 奶油色（540）
C-4：淺粉紅色（101） 黃色（542） 淺紫色（672） 藍色（371A）
化纖棉

針 具 蕾絲鉤針4號・縫針

作 法

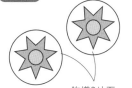

鉤織2片至
第③段。

第④段是將2片對齊後，
鉤織短針。

織 圖

[主體2片]
※第③段是於前段鎖針下方的洞中（♥）穿入鉤針。
※第④段是將2片對齊後鉤織。

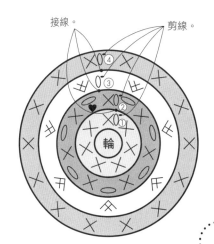

配色組合

	第①段	第②段	第③段	第④段
C-1	橘色	翡翠綠	粉紅色	藍色
C-2	淺黃色	紫色	黃綠色	粉紅色
C-3	粉紅色	白色	紅色	奶油色
C-4	淺粉紅色	黃色	淺紫色	藍色

花球B

線 材 Olympus 25號繡線
B-1：黃色（522）紫色（622）白色（800）黃綠色（227）
B-2：白色（800）橘色（184）淺藍色（3050）淺黃色（540）
B-3：黃綠色（227）藍色（371A）粉紅色（125）象牙色（850）
化纖棉

針 具 蕾絲鉤針4號・縫針

作 法

鉤織2片至
第③段。

棉花

第④段是將2片對齊後，
鉤織短針。

織 圖

[主體 2片]
※第②段的長針＆第③段的短針，
　是於前段鎖針下方的洞中（♥）穿入鉤針。
※第④段是將2片對齊後鉤織。

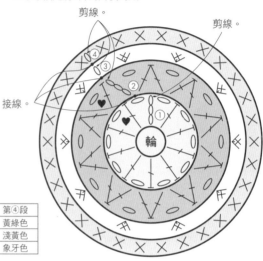

剪線。
剪線。
接線。
輪

配色組合

	第①段	第②段	第③段	第④段
B-1	黃色	紫色	白色	黃綠色
B-2	白色	橘色	淺藍色	淺黃色
B-3	黃綠色	藍色	粉紅色	象牙色

花球D

P.10至P.11

線 材 Olympus 25號繡線
D-1：藍色（3052）金黃色（S106）白色（800）
　　　深粉紅色（127）
D-2：象牙色（850）橘色（171）
　　　藍色（3052）黃綠色（228）
D-3：金黃色（S106）翡翠綠（221）
　　　藍色（3052）淺橘色（169）
化纖棉

針 具 蕾絲鉤針4號・縫針

織 圖

接線。
剪線。
輪

作 法

※作法與［花球B］相同。

[主體 2片]
※第③段的2針短針是於前段鎖針
　下方的洞中（♥）穿入鉤針。
※第④段是將2片對齊後鉤織。

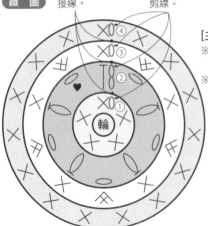

配色組合

	第①段	第②段	第③段	第④段
D-1	藍色	金黃色	白色	深粉紅色
D-2	象牙色	橘色	藍色	黃綠色
D-3	金黃色	翡翠綠	藍色	淺橘色

花球織片

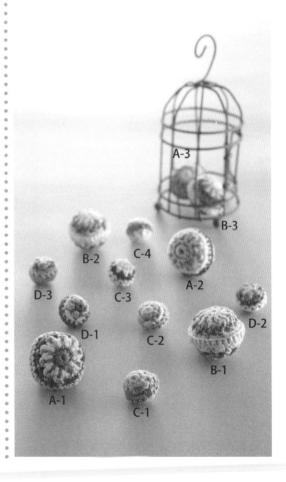

A-3
B-3
B-2
C-4
A-2
D-3
C-3
D-1
C-2
D-2
B-1
A-1
C-1

花球A至D作法參見P.37至P.38。

花球髮簪

P.11

(材料) 髮簪金屬配件：各1支
單圈：各2個
飾品鍊條：各7cm
花球：A-1・C-3　A-2・D-1

(作法)

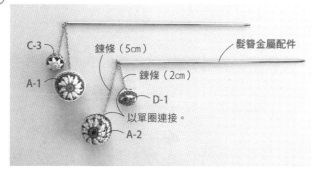

C-3
鍊條（5cm）
髮簪金屬配件
A-1
鍊條（2cm）
D-1
以單圈連接。
A-2

花球戒指

P.11

(材料) 戒指（附戒台）：1個
花球：D-2

(作法)

以塑膠用接著劑黏貼。
戒指
D-2

花球耳環

P.11

(材料) 耳飾金屬配件：1對
單圈：2個
花球：C-1・C-2

(作法)

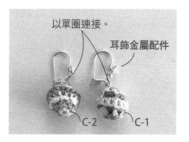

以單圈連接。
耳飾金屬配件
C-2
C-1

花朵A至I作法參見P.33至P.34。

花朵吊飾

P.9

(材料) 吊飾金屬配件：1個
單圈：8個
飾品鍊條：11cm
花朵：A-4・B-3・E-2・E-4・F-2・I-3・I-5

(作法)

吊飾金屬配件
鍊條（5cm）
鍊條（6cm）
以單圈連接。
I-3
F-2
E-4
I-5
B-3
以單圈連接。
E-2
A-4

甜點A（瑞士捲蛋糕）

P.12・P.15

線 材 Olympus 25號繡線
A-1：紅色（701）綠色（233）淺粉紅色（1041）粉紅色（126）白色（800）
A-2：深粉紅色（127）茶色（778）桃紅色（1045）白色（800）
A-3：深粉紅色（127）茶色（778）奶油色（540）黃色（544）白色（800）
A-4：紅色（701）綠色（233）紫色（673）淺紫色（651）白色（800）
化纖棉

針 具 蕾絲鉤針4號・縫針

作 法

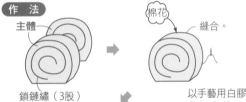

[A-1・4]　　　[A-2・3]

織 圖

[草莓] 紅色

[櫻桃] 深粉紅色

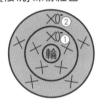

[奶油] 白色
起針處

[主體 2片]　※1片鉤織到第③段，
另外1片則鉤織到第⑤段。

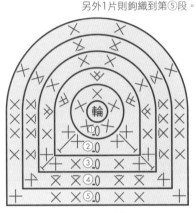

配色組合

	主體	刺繡
A-1	淺粉紅色	粉紅色
A-2	桃紅色	深粉紅色
A-3	奶油色	黃色
A-4	紫色	淺紫色

甜點B（杯子蛋糕）

P.12・P.14

線 材 Olympus 25號繡線
B-1：深粉紅色（127）茶色（778）白色（800）粉紅色（103）奶油色（520）
B-2：深粉紅色（127）茶色（778）白色（800）藍色（362）奶油色（520）
B-3：深粉紅色（127）茶色（778）白色（800）橘色（169）奶油色（520）
B-4：深粉紅色（127）茶色（778）白色（800）淺紫色（672）奶油色（520）
化纖棉

針 具 蕾絲鉤針4號・縫針

作 法

※櫻桃的作法與
［瑞士捲蛋糕］相同。

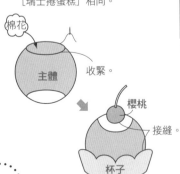

織 圖 ※櫻桃的作法與［瑞士捲蛋糕］相同。

[杯子] 奶油色

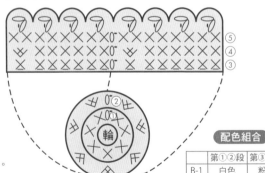

[主體]

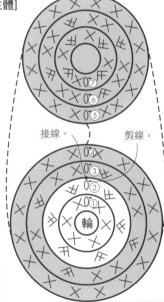

接線。　　剪線。

配色組合

	第①②段	第③至⑦段
B-1	白色	粉紅色
B-2	白色	藍色
B-3	白色	橘色
B-4	白色	淺紫色

甜點C（水果塔）

線 材 Olympus 25號繡線
C-1：橘色（172）白色（800）奶油色（551）茶色（736）
C-2：黃色（544）白色（800）藍色（362）茶色（736）
C-3：深粉紅色（127）白色（800）粉紅色（124）茶色（736）
C-4：紫色（673）白色（800）淺紫色（672）茶色（736）
化纖棉

針 具 蕾絲鉤針4號・縫針

作 法

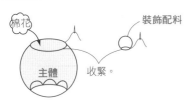

[主體]
※第③段是於前段的引拔針穿入鉤針。

織 圖

[水果塔] 茶色

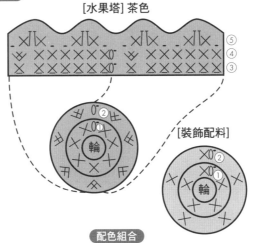

[裝飾配料]

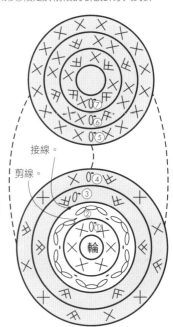

接線。
剪線。

配色組合

	主體第①②段	主體第③至⑦段	裝飾配料
C-1	白色	奶油色	橘色
C-2	白色	藍色	黃色
C-3	白色	粉紅色	深粉紅色
C-4	白色	淺紫色	紫色

本書所使用の刺繡針法

緞面繡
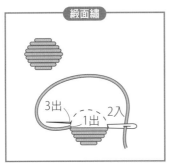

直線繡
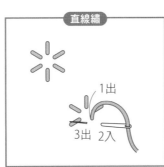

回針繡
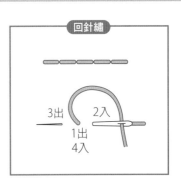

法國結粒繡
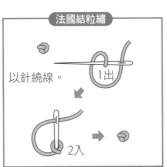
以針繞線。

鎖鏈繡
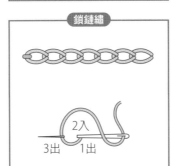

捲針縫
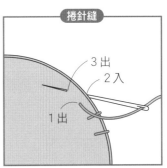

甜點D（餅乾＜四方形＞）

線 材 Olympus 25號繡線
D-1：淺茶色（783）奶油色（551）
D-2：茶色（714）駝色（734）
D-3：淺茶色（783）茶色（714）
D-4：茶色（713）深駝色（743）

針 具 蕾絲鉤針4號・縫針

織 圖 ※於 ━━━ 上，一邊更換顏色，一邊鉤織。
（將不織的繡線包夾在裡面鉤織）

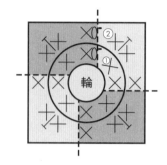

配色組合

D-1	淺茶色	奶油色
D-2	茶色	駝色
D-3	淺茶色	茶色
D-4	茶色	深駝色

甜點E（餅乾＜圓形＞）

線 材 Olympus 25號繡線
E-1：茶色（714）駝色（734）
E-2：淺茶色（783）茶色（714）
E-3：奶油色（551）淺茶色（783）
E-4：深駝色（743）焦茶色（738）

針 具 蕾絲鉤針4號・縫針

作 法

主體　　法國結粒繡（3股）

織 圖

配色組合

	主體	刺繡
E-1	茶色	駝色
E-2	淺茶色	茶色
E-3	奶油色	淺茶色
E-4	深駝色	焦茶色

甜點F（馬卡龍）

線 材 Olympus 25號繡線
F-1：深粉紅色（105）白色（800）
F-2：翡翠綠（2215）白色（800）
F-3：粉紅色（1044）白色（800）
F-4：藍色（363）白色（800）
F-5：黃色（542）白色（800）
F-6：紫色（673）白色（800）

針 具 蕾絲鉤針4號・縫針

作 法

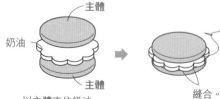

主體
奶油
主體
以主體夾住奶油。　→　縫合。

織 圖 [主體 2片]

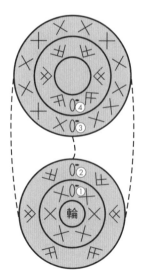

[奶油色] 白色

甜點（冰淇淋）

P.13至P.14

[G]

[H]

[I]

（線 材）Olympus 25號繡線

G-1：黃色（522）駝色（734）

G-2：粉紅色（1045）駝色（734）

H-1：粉紅色（1045）黃綠色（227）駝色（734）

H-2：紫色（622）黃色（522）駝色（734）

I：橘色（184）黃色（522）粉紅色（1045）駝色（734）

化纖棉

（針 具）蕾絲鉤針4號・縫針

（作 法）

將冰淇淋的第④段與甜筒的邊端作挑針縫合。

[G]

將冰淇淋的第④段邊端作挑針縫合。

[H]

[I]

（織 圖）

[冰淇淋]　　　　　　　　[甜筒] 駝色

甜點編織作品

杯子蛋糕項鍊

P.14

（材料）飾品鍊條
（附圓形彈簧項鍊頭）：1條
單圈：1個
萊茵石：4個
甜點：B-1

（作法）

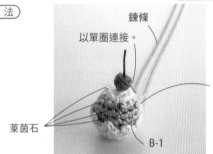

鍊條
以單圈連接。
以塑膠專用
接著劑黏貼。
萊茵石
B-1

冰淇淋項鍊

P.14

（材料）飾品鍊條
（附圓形彈簧項鍊頭）：1條
單圈：1個
萊茵石：2個
甜點：H-1

（作法）

鍊條
以單圈連接。
萊茵石
以塑膠專用
接著劑黏貼。
H-1

水果塔戒指

P.14

（材料）戒指（附戒台）：1個
甜點：C-3

（作法）

以塑膠專用接著劑黏貼。
C-3
戒指

馬卡龍耳環

P.15

（材料）耳飾金屬配件：1對
單圈：2個
飾品鍊條：1.6cm
甜點：F-1・4

（作法）

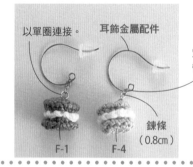

以單圈連接。
耳飾金屬配件
穿過鍊條，並以鉗子折
彎，以避免鍊條脫落。
鍊條
（0.8cm）
F-1
F-4

甜點鑰匙圈

P.15

（材料）鑰匙圈金屬配件：1個
單圈：6個
飾品鍊條：6.5cm
甜點：A-1・D-1・F-3・F-5

（作法）

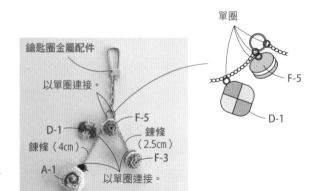

鑰匙圈金屬配件
以單圈連接。
單圈
F-5
F-5
D-1
D-1
鍊條
（2.5cm）
鍊條（4cm）
F-3
A-1
以單圈連接。

水果（櫻桃）

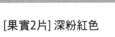

P.16至P.17

線 材 Olympus 25號繡線
綠色（265）茶色（713）深粉紅色（128）
化纖棉

針 具 蕾絲鉤針4號・縫針

作 法

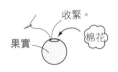

收緊。
果實
棉花

葉子
莖
接縫。

織 圖

[葉子] 綠色

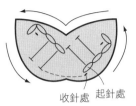

收針處　起針處

[莖] 茶色

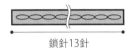

鎖針13針

[果實2片] 深粉紅色

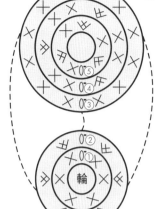

輪

水果（香蕉）

P.16至P.17

線 材 Olympus 25號繡線
黃色（522）

針 具 蕾絲鉤針4號・縫針

作 法

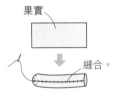

果實

縫合。

※製作3個。

果實　接縫。　莖　接縫。

織 圖

[莖]

起針處
起針
鎖針3針

[果實3片]

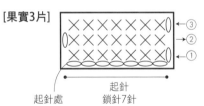

③
②
①

起針處　起針　鎖針7針

水果（葡萄）

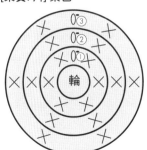

P.16至P.17

線 材 Olympus 25號繡線
茶色（713）紫色（675）
化纖棉

針 具 蕾絲鉤針4號・縫針

作 法

收緊。
果實　棉花

莖
果實
縫合。

※製作7個。

織 圖

[莖] 茶色

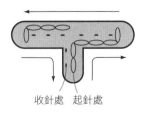

收針處　起針處

[果實7片] 紫色

③
②
①
輪

45

水果（青蘋果・紅蘋果）

線 材 Olympus 25號繡線
紅蘋果：茶色（713）紅色（701）
青蘋果：茶色（713）黃綠色（229）
化纖棉

針 具 蕾絲鉤針4號・縫針

作 法

收緊。
棉花
果實

莖　接縫。

織 圖

[果實]紅蘋果：紅色
青蘋果：黃綠色

[莖]茶色

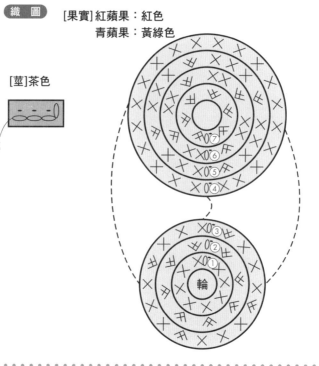

起針處

輪

水果（鳳梨）

線 材 Olympus 25號繡線
綠色（265）橘色（525）深橘色（186）
化纖棉

針 具 蕾絲鉤針4號・縫針

作 法

葉子

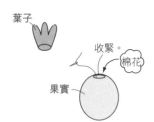

收緊。
棉花
果實

接縫。

回針繡。
（深橘色4股）

織 圖

[葉子]綠色

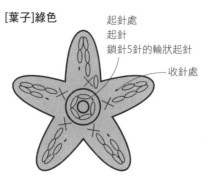

起針處
起針
鎖針5針的輪狀起針
收針處

[果實] 橘色

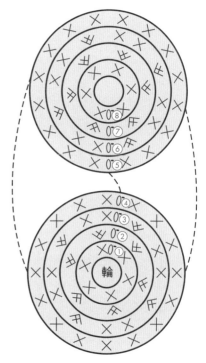

輪

水果（橘子）

線材 Olympus 25號繡線
綠色（265）橘色（172）
化纖棉

針具 蕾絲鉤針4號・縫針

作法

收緊。
果實　棉花

葉子　接縫。

織 圖

[葉子] 綠色

起針處

[果實] 橘色

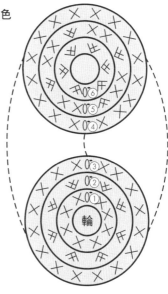

水果（草莓・草莓＆花）

線材 Olympus 25號繡線
草莓：綠色（2065）紅色（190）白色（800）
草莓＆花：象牙色（850）黃色（546）綠色（2065）紅色（190）白色（800）
化纖棉

針具 蕾絲鉤針4號・縫針

作法

[草莓]

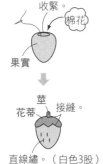
收緊。
棉花
果實

莖　接縫。
花蒂
直線繡。（白色3股）

[草莓の莖] 綠色

起針處

織 圖

[草莓＆花の葉子 3片] 綠色

起針處
起針
鎖針5針
①收針處
②

[草莓＆花の莖] 綠色

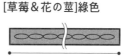
鎖針16針

[花] 第①段：黃色
　　第②段：象牙色

接線。
剪線。
②
①
輪

[共用・花蒂] 綠色
草莓1片
草莓＆花2片

起針處
輪

[共用・果實] 紅色　草莓1片
　　　　　　　　　草莓＆花2片

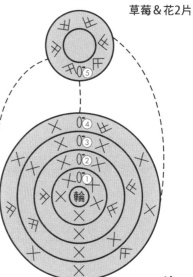
⑤
④
③
②
①
輪

[草莓＆花]

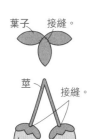
葉子　接縫。
莖　接縫。

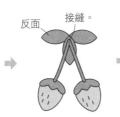
反面　接縫。

接縫。
花
接縫。

水果（西瓜）

P.16至P.17

線 材 Olympus 25號繡線
紅色（701）黑色（900）綠色（265）白色（800）
化纖棉

針 具 蕾絲鉤針4號・縫針

作 法

果實　對摺。
　　　　將果皮＆果實2片對齊之後，
　　　　以引拔針併縫1圈。
　　　　法國結粒繡。
　　　　（黑色3股）

棉花
果皮

[果皮]綠色

起針處
起針
鎖針14針

織 圖

[果實] 第①至④段：紅色
　　　　第⑤段：白色
　　　　第⑥段：綠色

輪

水果作法參見P.45至P.48・P.53。

水果吊飾

P.17

材 料 吊飾金屬配件：1個
單圈：8個
飾品鍊條：8cm
水果：檸檬・葡萄・香蕉・西瓜・
橘子・青蘋果

作 法

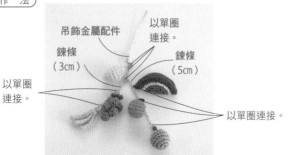

吊飾金屬配件
以單圈連接。
鍊條（3cm）
鍊條（5cm）
以單圈連接。
以單圈連接。

櫻桃防塵塞吊飾

P.17

材 料 耳塞金屬配件：1個
單圈：1個
水果：櫻桃

作 法

耳塞金屬配件
以單圈連接。

草莓髮夾

P.17

材 料 髮夾（附台面）：1個
水果：草莓＆花

作 法

以塑膠專用接著劑黏貼。
髮夾

水果寶特瓶蓋

P.17

材 料 寶特瓶瓶蓋：1個
水果：鳳梨・紅蘋果・草莓

作 法

瓶蓋
以塑膠專用接著劑黏貼。

提袋A

P.18至P.19

線 材 Olympus 25號繡線
A-1：深粉紅色（127） 淺紫色（672） 粉紅色（125） 金黃色（S106）
A-2：深藍色（364） 淺紫色（672） 藍色（3705A） 金黃色（S106）

針 具 蕾絲鉤針4號・縫針

作 法

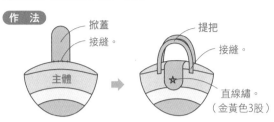

接線。

剪線。

[主體]

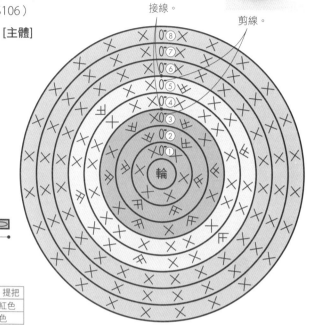

織 圖

[掀蓋]

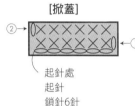

起針處
起針
鎖針6針

[提把 2條]

鎖針14針

配色組合

	第①至③段	第④⑤段	第⑥至⑧段	掀蓋・提把
A-1	深粉紅色	淺紫色	粉紅色	深粉紅色
A-2	深藍色	淺紫色	藍色	深藍色

提袋B

P.18至P.19

線 材 Olympus 25號繡線
B-1：淺藍色（361） 翡翠綠（221） 藍色（3705A） 深翡翠綠（222）
B-2：黃綠色（228） 粉紅色（1043） 藍色（363） 橘色（171） 奶油色（520）

針 具 蕾絲鉤針4號・縫針

作 法

提把
接縫。
主體

織 圖

[提把 2條]

鎖針12針

[主體]

接線。
接線。
剪線。
剪線。

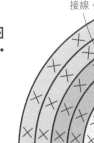
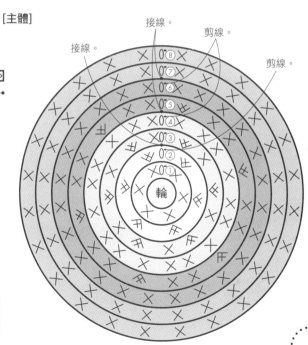

配色組合

	第①②段	第③④段	第⑤⑥段	第⑦⑧段	提把
B-1	淺藍色	翡翠綠	藍色	深翡翠綠	淺藍色
B-2	黃綠色	粉紅色	藍色	橘色	奶油色

線 材 Olympus 25號繡線
C-1：淺茶色（711）淺粉紅色（1042）粉紅色（126）
C-2：藍色（364）黃綠色（229）藏青色（357）

針 具 蕾絲鉤針4號・縫針

作 法

提把
接縫。
主體

織 圖

[主體]

接線。　　　　　　　　剪線。

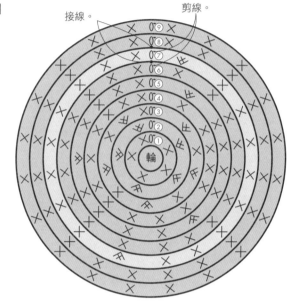

輪

[提把 2本]

鎖針10針

配色組合

	第①至⑥段	第⑦段	第⑧⑨段	提把
C-1	淺茶色	淺粉紅色	淺茶色	粉紅色
C-2	藍色	黃綠色	藍色	藏青色

線 材 Olympus 25號繡線
D-1：淺藍色（3050）藍色（3052）
D-2：淺粉紅色（141）粉紅色（155）

針 具 蕾絲鉤針4號・縫針

作 法

提把
接縫。

織 圖

[主體]

接線。　　　　　　　剪線。

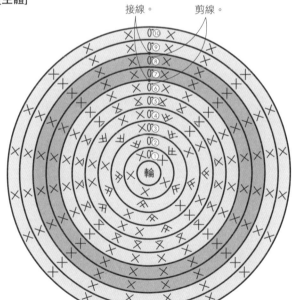

輪

[提把 2本]

鎖針12針

配色組合

	第①至⑥段	第⑦⑧段	第⑨⑩段	提把
D-1	淺藍色	藍色	淺藍色	藍色
D-2	淺粉紅色	粉紅色	淺粉紅色	粉紅色

提袋E

P.18至P.19

線 材 Olympus 25號繡線

E-1：淺藍色（3705）深藍色（372A）藏青色（366）藍色（371A）

E-2：淺粉紅色（1041）粉紅色（126）紅色（192）

針 具 蕾絲鉤針4號・縫針

作 法

提把
接縫。
主體

[提把 2條]

鎖針12針

織 圖

[主體]

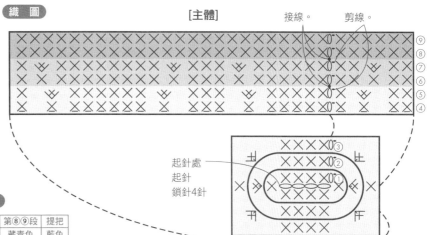

接線。 剪線。

起針處
起針
鎖針4針

配色組合

	第①至⑤段	第⑥⑦段	第⑧⑨段	提把
D-1	淺藍色	深藍色	藏青色	藍色
D-2	淺粉紅色	粉紅色	紅色	紅色

提袋F

P.18至P.19

線 材 Olympus 25號繡線

F-1：淺橘色（524）黃色（544）
　　黃綠色（229）橘色（172）

F-2：山吹色（523）翡翠綠（221）
　　粉紅色（126）藍色（364）

針 具 蕾絲鉤針4號・縫針

織 圖

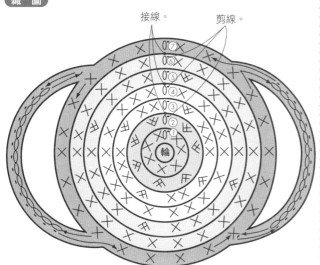

接線。 剪線。

配色組合

	第①②段	第③④段	第⑤⑥段	第⑦段	提把
F-1	淺橘色	黃色	黃綠色	橘色	橘色
F-2	山吹色	翡翠綠	粉紅色	藍色	藍色

提袋編織作品

F-2
E-2
F-1
E-1
D-2
D-1
C-2
C-1
B-2
B-1
A-2
A-1

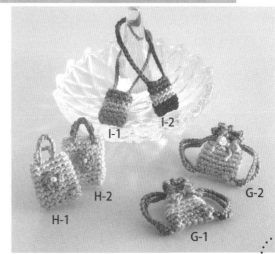

I-1
I-2
H-2
G-2
H-1
G-1

提袋G

P.18

線材 Olympus 25號繡線
G-1：深粉紅色（127）淺粉紅色（1042）淺紫色（672）粉紅色（105）
G-2：深藍色（3052）淺藍色（362）淺紫色（672）藍色（363）

織圖 蕾絲鉤針4號·縫針

織圖 [主體]

作法

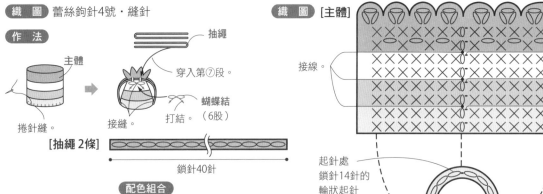

抽繩
穿入第⑦段。
蝴蝶結
打結。（6股）
主體
捲針縫。
接縫。

接線。　剪線。

⑧⑦⑥⑤④③②①

起針處
鎖針14針的
輪狀起針

[抽繩 2條]
鎖針40針

配色組合

	第①②段	第③④段	第⑤⑥段	第⑦⑧段	抽繩	蝴蝶結
G-1	粉紅色	淺紫色	淺粉紅色	深粉紅色	深粉紅色	粉紅色
G-2	藍色	淺紫色	淺藍色	深藍色	深藍色	淺藍色

提袋H

P.18至P.19

線材 Olympus 25號繡線
H-1：淺粉紅色（1042）深粉紅色（1045）粉紅色（125）黃色（541）
H-2：黃綠色（227）橘色（171）翡翠綠（221）黃色（541）

織圖 蕾絲鉤針4號·縫針

織圖

[花朵]
起針處
輪

[主體]

作法

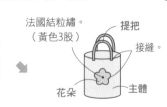

法國結粒繡。
（黃色3股）
提把
接縫。
主體
花朵　　主體
捲針縫。

⑧　②至⑦段無加減針。　①

起針處
鎖針14針的
輪狀起針

[提把 2本]
鎖針12針

配色組合

	主體	花朵	提把
H-1	淺粉紅色	深粉紅色	粉紅色
H-2	黃綠色	橘色	翡翠綠

提袋I

P.18

線材 Olympus 25號繡線
I-1：粉紅色（105）紫色（673）深粉紅色（127）
I-2：紅色（192）灰色（484）藏青色（356）

織圖 蕾絲鉤針4號·縫針

織圖 [主體]

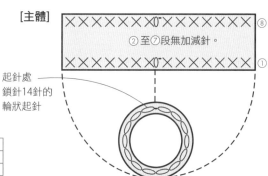

接線。　　剪線。

⑥⑤④③②①

起針處
鎖針10針的
輪狀起針

作法

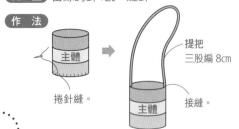

主體
提把
三股編 8cm
捲針縫。
主體
接縫。

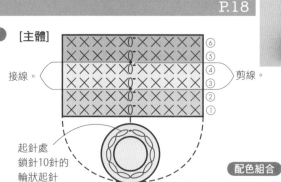

配色組合

	第①②段	第③④段	第⑤⑥段·提把
I-1	粉紅色	紫色	深粉紅色
I-2	紅色	灰色	藏青色

提袋鍊條飾品A

P.19

（材　料）龍蝦釦：3個
單圈：5個
飾品鍊條：6cm
提袋：A-1・E-2

（作　法）

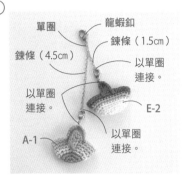

單圈
龍蝦釦
錬條（4.5cm）
錬條（1.5cm）
以單圈連接。
以單圈連接。
E-2
A-1
以單圈連接。

手提袋防塵塞吊飾

P.19

（材　料）耳塞金屬配件：1個
單圈：1個
提袋：H-1

（作　法）

耳塞金屬配件
以單圈連接。

提袋鍊條飾品B

P.19

（材　料）龍蝦釦：3個
單圈：3個
提袋：C-2・E-1・F-2

（作　法）

龍蝦釦
以單圈連接。
C-2　F-2　E-1

水果（檸檬）

P.16至P.17

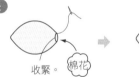

（線　材）Olympus 25號繡線
黃色（542）
化纖棉

（織　圖）蕾絲鉤針4號・縫針

（作　法）

收緊。
棉花

（織　圖）

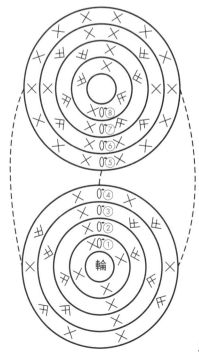

⑧⑦⑥⑤④③②①
輪

提袋項鍊

P.19

（材　料）蠟繩：各80cm
提袋：B-1・F-1

（作　法）

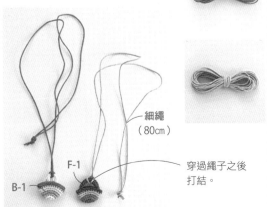

細繩
（80cm）
F-1
B-1
穿過繩子之後打結。

53

造型小物織片（蝴蝶） P.20至P.21

[線 材] Olympus 25號繡線
粉紅色（124）駝色（734）

[針 具] 蕾絲鉤針4號・縫針

[織 圖]

[蝴蝶] 粉紅色

輪

[作 法]

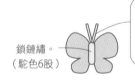

鎖鏈繡。
（駝色6股）

剪開繡線，各分
成3股線之後，
以手藝用白膠固
定。

造型小物織片（眼鏡） P.20

[線 材] Olympus 25號繡線
藍色（371A）

[針 具] 蕾絲鉤針4號・縫針

[織 圖]

起針處
起針
鎖針26針

[作 法]

於中心處縫合

將2針鎖針
作成圈狀。

接縫。

造型小物織片（王冠） P.20至P.21

[線 材] Olympus 25號繡線
金黃色（S106）紅色（701）紫色（675）
橘色（172）黃色（544）
翡翠綠（222）
粉紅色（127）藍色（372A）

[針 具] 蕾絲鉤針4號・縫針

[織 圖]

[王冠] 金黃色

②
①
③

起針
鎖針14針

接線。

起針處

[作 法]

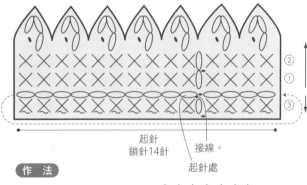

法國結粒繡（3股）

環編

（藍色）

（紫色）　（黃色）
（紅色）（橘色）　（翡翠綠）

（粉紅色）

造型小物織片（寶石皇冠） P.20至P.21

[線 材] Olympus 25號繡線
銀色（S105）藍色（372A）
粉紅色（127）黃色（544）
翡翠綠（222）橘色（172）

[針 具] 蕾絲鉤針4號・縫針

[織 圖]

[寶石皇冠] 銀色

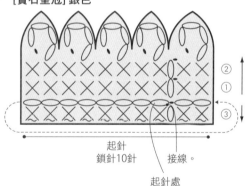

②
①
③

起針
鎖針10針

接線。

起針處

[作 法]

法國結粒繡（3股）

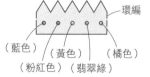

環編

（藍色）

（黃色）

（橘色）

（粉紅色）（翡翠綠）

造型小物織片（貝殼）

P.20

線材 Olympus 25號繡線
銀色（S105）灰色（414）

針具 蕾絲鉤針4號・縫針

作法

貝殼 —— 直線繡。
（灰色6股）

織圖

[貝殼] 銀色

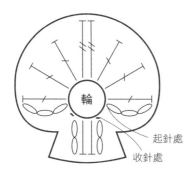

輪

起針處

收針處

造型小物織片（小鳥）

P.20

線材 Olympus 25號繡線
黃色（544）淺黃色（541）茶色（738）

針具 蕾絲鉤針4號・縫針

作法

織圖

[鳥喙] 黃色

主體　翅膀

收針處

起針處

接縫。

[翅膀] 淺黃色

收針處

起針處

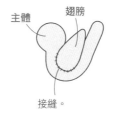

[主體] 淺黃色

直線繡。
（茶色3股）

鳥喙

接縫。

起針處

收針處

造型小物織片（鑰匙A）

P.20至P.21

線材 Olympus 25號繡線
銀色（S105）

針具 蕾絲鉤針4號・縫針

織圖

① ②
起針處
鎖針14針的輪狀起針

收針處

造型小物織片（鑰匙B）

P.20至P.21

線材 Olympus 25號繡線
金黃色（S106）

針具 蕾絲鉤針4號・縫針

織圖

① ②
起針處
鎖針10針的輪狀起針

收針處

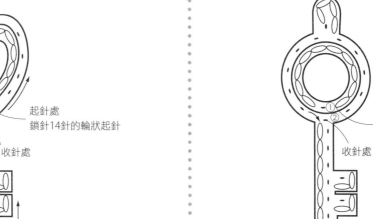

造型小物織片（幸運草） P.20至P.21

線 材 Olympus 25號繡線
黃綠色（228）

針 具 蕾絲鉤針4號・縫針

織 圖

起針處

收針處

造型小物織片（蝴蝶結） P.20至P.21

線 材 Olympus 25號繡線
粉紅色（127）

針 具 蕾絲鉤針4號・縫針

作 法

蝴蝶結上側　　　作成圈狀。　　蝴蝶結中心　　作成圈狀。

縫合。　　　　　　　　　　　　　蝴蝶結上側

　　　　　　　　　　　　　　　　蝴蝶結下側

　　　　　　　　　　　　縫合。

織 圖

[蝴蝶結上側]

收針處

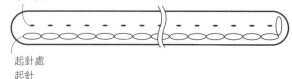

起針處
起針
鎖針22針

[蝴蝶結下側]

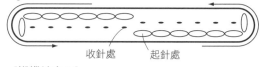

收針處　　起針處

[蝴蝶結中心]

鎖針6針

造型小物織片（星星） P.20至P.21

線 材 Olympus 25號繡線
黃色（546）

針 具 蕾絲鉤針4號・縫針

織 圖

收針處

起針處

②　①

輪

造型小物織片（紅心） P.20

線 材 Olympus 25號繡線
紅色（190）

針 具 蕾絲鉤針4號・縫針

織 圖

輪

起針處

收針處

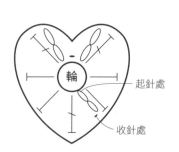

造型小物織片（黑桃） P.20

（線 材）Olympus 25號繡線
黑色（900）

（針 具）蕾絲鉤針4號・縫針

（織 圖）

起針處
收針處

造型小物織片（方塊） P.20

（線 材）Olympus 25號繡線
紅色（190）

（針 具）蕾絲鉤針4號・縫針

（織 圖）

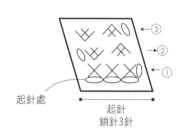

← ③
→ ②
← ①

起針處

起針
鎖針3針

造型小物織片作法參見P.54至P.57。

蝴蝶戒指 P.21

（材 料）戒指（附戒台）：1個
造型小物：蝴蝶

（作 法）

以塑膠專用接著劑黏貼。

戒指

造型小物織片（梅花） P.20

（線 材）Olympus 25號繡線
黑色（900）

（針 具）蕾絲鉤針4號・縫針

（作 法）

起針處
收針處

造型小物手鐲 P.21

（材 料）手鐲金屬配件：1個
單圈：5個
造型小物：幸運草・王冠・
蝴蝶結・星星・寶石皇冠

（作 法）

手鐲金屬配件

以單圈連接。

幸運草

王冠　蝴蝶結　星星

寶石皇冠

鑰匙耳環 P.21

（材 料）耳飾金屬配件：（金黃色・銀色）
各1個
單圈：（金黃色・銀色）各1個
造型小物：鑰匙A・鑰匙B

（作 法）

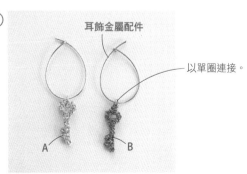

耳飾金屬配件

以單圈連接。

A　　B

衣服（毛線衣）

線 材 Olympus 25號繡線

翡翠綠（2215）黃色（541）藏青色（334）橘色（171）

針 具 蕾絲鉤針4號・縫針

作 法

捲針縫。

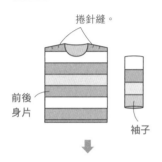

前後
身片

袖子

↓

接縫。

織 圖

[袖子 2片]
第①段：翡翠綠
第②段：橘色
第③段：藏青色
第④段：黃色

[前後身片]
第①・⑤段：藏青色
第②・⑥段：黃色
第③・⑦段：翡翠綠
第④段：橘色

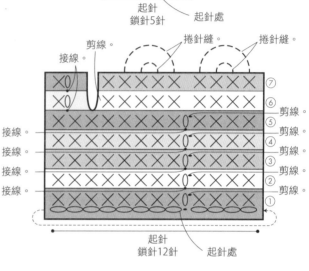

接線。　　　剪線。
接線。　　　剪線。
接線。　　　剪線。

④③②①

起針
鎖針5針　　起針處

剪線。
接線。　捲針縫。　捲針縫。

⑦⑥⑤④③②①

接線。　　　剪線。
接線。　　　剪線。
接線。　　　剪線。
接線。　　　剪線。

起針
鎖針12針　　起針處

··

衣服（背心裙）

線 材 Olympus 25號繡線

藍色：藍色（3050）白色（800）
粉紅色：粉紅色（1041）白色（800）

針 具 蕾絲鉤針4號・縫針

作 法

[藍色]

捲針縫。

♡
♥

鉤織第⑨段。

[粉紅色]

1.捲針縫。

2. 鉤織荷葉領。

3.鉤織裙擺飾邊。

織 圖　※只有藍色背心裙需編織第⑨段。

[共用・前後身片]　捲針縫。　剪線。　捲針縫。
◆　　　　　　　　　　　　　　剪線。

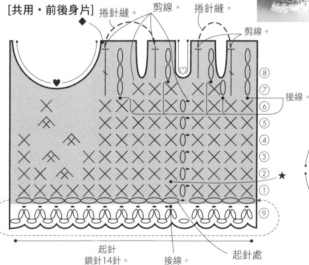

♥
⑧
⑦　接線。
⑥
⑤
④
③
②★
①
⑨

起針
鎖針14針。　　接線。　　起針處
（白色※取6股線中的2股。）

[裙擺飾邊]

收針處　　★

接線。
（白色※取6股線中的2股。）
※一邊挑起第①段與第②段
　之間的織線，一邊鉤織。
※僅粉紅色背心裙製作。

[荷葉領]
※僅粉紅色背心裙
　製作。

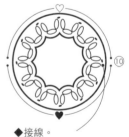

♡
⑩
♥

◆接線。
（白色※取6股線中的2股。）
※將領口的針目挑針鉤織。

衣服（連身裙）

線 材 Olympus 25號繡線
粉紅色（101）

針 具 蕾絲鉤針4號・縫針

作 法

捲針縫。

前後
身片

接縫。

袖子

蝴蝶結

作成圈狀之後，
將中央接縫上去。

織 圖

[前後身片]

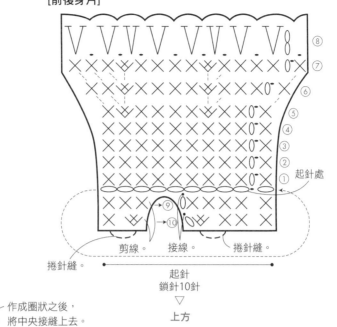

⑧
⑦
⑥
⑤
④
③
②
①

起針處

⑨
⑩

剪線。　接線。　捲針縫。

捲針縫。

起針
鎖針10針
▽
上方

[袖子 2片]

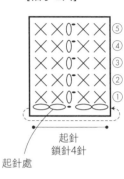

⑤
④
③
②
①

起針
鎖針4針

起針處

[蝴蝶結 2條]

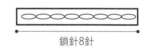

鎖針8針

衣服（T恤）

線 材 Olympus 25號繡線
黃色（542）

針 具 蕾絲鉤針4號・縫針

作 法

捲針縫。

前後
身片

袖子

接縫。

織 圖

[前後身片]

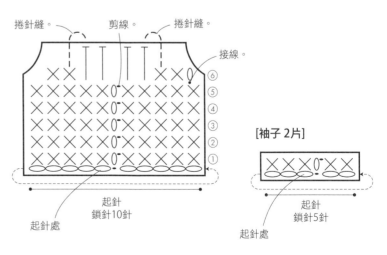

捲針縫。　剪線。　捲針縫。

接線。

⑥
⑤
④
③
②
①

起針
鎖針10針

起針處

[袖子 2片]

⑤
④
③
②
①

起針
鎖針5針

起針處

線材 Olympus 25號繡線
藍色（371A） 藏青色（334）

針具 蕾絲鉤針4號・縫針

作法

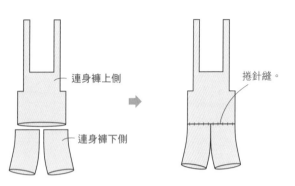

連身褲上側
連身褲下側
捲針縫。

後側
交叉後接縫。
法式結粒繡。
（藏青色3股）

織圖

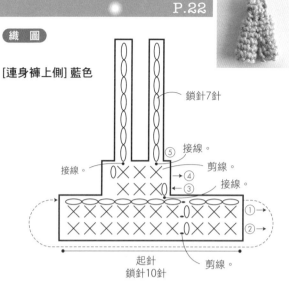

[連身褲上側] 藍色

鎖針7針

接線。
接線。
接線。
剪線。
④
③
⑤
①
②
剪線。

起針
鎖針10針

[連身褲下側 2片] 藍色

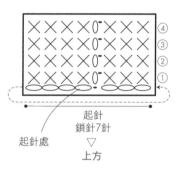

④
③
②
①

起針
鎖針7針

起針處
△
上方

衣服（泡泡袖短上衣）

P.22至P.23

線材 Olympus 25號繡線
藏青色（334） 白色（800）

針具 蕾絲鉤針4號・縫針

作法

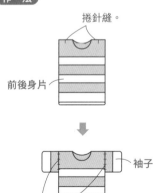

捲針縫。
前後身片
袖子
接縫。

織圖

[前後身片] 第①・③・⑤段：白色
　　　　　 第②・④・⑥段：藏青色

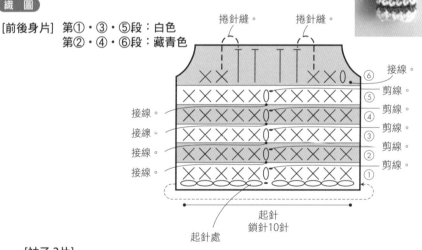

捲針縫。
捲針縫。
接線。
剪線。
接線。
剪線。
接線。
剪線。
接線。
剪線。
接線。
剪線。
⑥
⑤
④
③
②
①

起針
鎖針10針

起針處

[袖子 2片]
起針：藏青色
第①段：白色

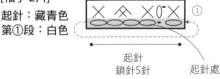

①

起針
鎖針5針
起針處

衣服（外套）

P.22至P.23

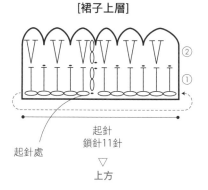

線 材 Olympus 25號繡線
翡翠綠（220）

針 具 蕾絲鉤針4號・縫針

作 法

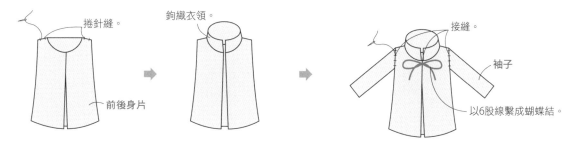

捲針縫。

鉤織衣領。

前後身片

接縫。

袖子

以6股線繫成蝴蝶結。

織 圖

[前後身片]

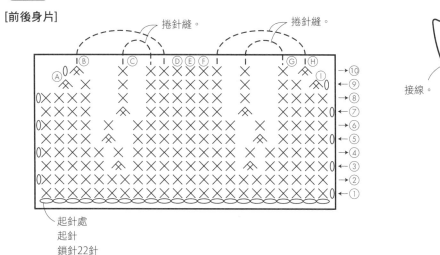

捲針縫。　捲針縫。

起針處
起針
鎖針22針

[衣領]

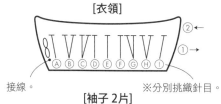

接線。　※分別挑織針目。

[袖子 2片]

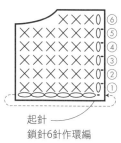

起針
鎖針6針作環編

衣服（裙子A）

P.22至P.23

線 材 Olympus 25號繡線
粉紅色（125）

針 具 蕾絲鉤針4號・縫針

作 法

接縫於內側。

裙子上層

裙子下層

織 圖

[裙子下層]　　　　　[裙子上層]

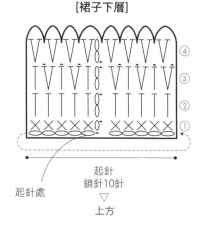

起針處

起針
鎖針10針
▽
上方

起針處

起針
鎖針11針
▽
上方

線 材 Olympus 25號繡線
深粉紅色（1045）粉紅色（1041）淺粉紅色（101）白色（800）銀色（S105）

針 具 蕾絲鉤針4號・縫針

作 法

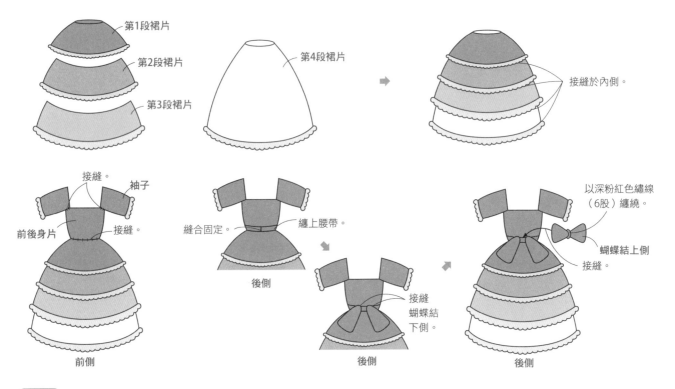

第1段裙片
第2段裙片
第3段裙片
第4段裙片
接縫於內側。

接縫。 袖子
前後身片 接縫。
縫合固定。 纏上腰帶。
前側 後側

以深粉紅色繡線
（6股）纏繞。
蝴蝶結上側
接縫。

接縫
蝴蝶結
下側。
後側 後側

織 圖

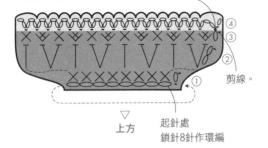

[裙片 第1段]
第①至③段：深粉紅色
第④段：銀色
接線。
（銀色※取6股線中的2股。）
剪線。
▽ 上方
起針處
鎖針8針作環編

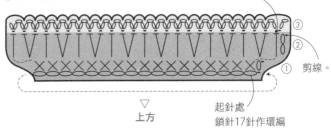

[裙片 第2段]
第①・②段：粉紅色
第③段：銀色
接線。
（銀色※取6股線中的2股。）
剪線。
▽ 上方
起針處
鎖針17針作環編

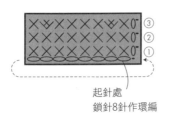

[前後身片] 深粉紅色
起針處
鎖針8針作環編

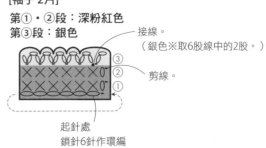

[袖子 2片]
第①・②段：深粉紅色
第③段：銀色
接線。
（銀色※取6股線中的2股。）
剪線。
起針處
鎖針6針作環編

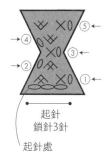

[前側]　　[後側]

織　圖

[裙片 第3段]
第①・②段：淺粉紅色
第③段：銀色

接線。
（銀色※取6股線中的2股。）

[蝴蝶結上側] 深粉紅色

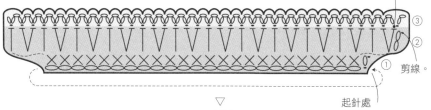

③
②
①　剪線。

▽
上方

起針處
鎖針24針作環編

起針
鎖針3針

起針處

[裙片 第4段]
第①至⑥段：白色
第⑦段：銀色

接線。
（銀色※取6股線中的2股。）

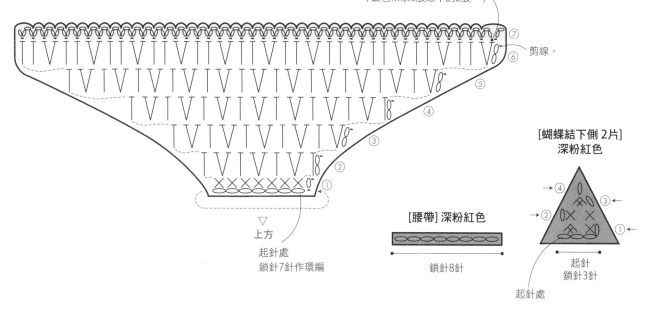

⑦
⑥　剪線。
⑤
④
③
②
①

▽
上方

起針處
鎖針7針作環編

[蝴蝶結下側 2片]
深粉紅色

④
②
③
①

起針
鎖針3針

起針處

[腰帶] 深粉紅色

鎖針8針

衣服（裙子B）

線　材 Olympus 25號繡線
紫色（674）淺紫色（600）

針　具 蕾絲鉤針4號・縫針

作　法

織　圖
第①段：紫色
第②至⑥段：淺紫色

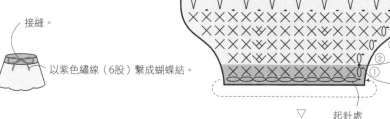

接縫。

以紫色繡線（6股）繫成蝴蝶結。

⑥
⑤
④
③
②　接線。
①　剪線。

▽
上方

起針處
鎖針10針作環編

衣服作法參見P.58至P.63。

衣服掛鍊飾品

P.23

(材 料) 龍蝦鈕：1個
單圈：4個
飾品鍊條：9cm
衣服：T恤・泡泡袖短上衣・裙子A

(作 法)

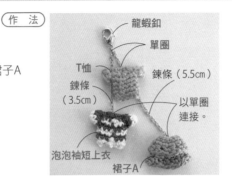

龍蝦鈕
單圈
T恤
鍊條（5.5cm）
鍊條（3.5cm）
以單圈連接。
泡泡袖短上衣
裙子A

毛線衣項鍊

P.23

(材 料) 皮繩：70cm
單圈：1個
衣服：毛線衣

(作 法)

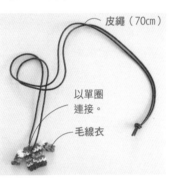

皮繩（70cm）
以單圈連接。
毛線衣

外套帽針

P.23

(材 料) 帽針（附鍊條・台面）：1個
衣服：外套

(作 法)

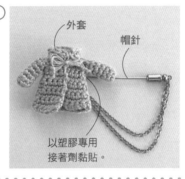

外套
帽針
以塑膠專用接著劑黏貼。

流行雜貨（圍巾）

P.24至P.25

(線 材) Olympus 25號繡線
淺黃色（540）白色（800）

(針 具) 蕾絲鉤針4號・縫針

(作 法)

與另一側開洞的4個針目
（♥）上下各自縫合。

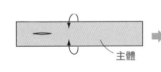
主體

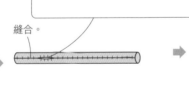
縫合。

收緊。
毛線球
1.穿過洞眼。
2.接縫。
※製作2顆。

(織 圖) [主體] 淺黃色

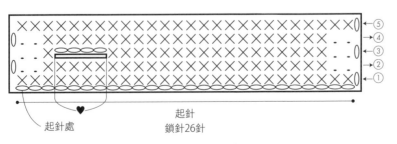

⑤
④
③
②
①

起針處
起針
鎖針26針

[毛線球 2片] 白色

③
②
①
輪

流行雜貨（毛線球帽子）

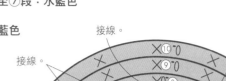

P.24至P.25

線 材 Olympus 25號繡線
白色（800）水藍色（370A）藍色（3051）

針 具 蕾絲鉤針4號・縫針

作 法

織 圖 ※由於第⑧至⑩段需往外翻摺，因此應看著反面鉤織。

[主體]
第①・②・④至⑦段：水藍色
第③段：白色
第⑧至⑩段：藍色

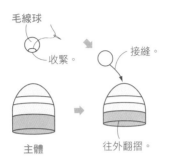

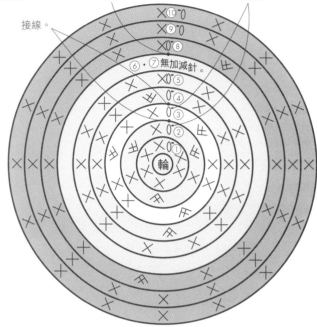

[毛線球] 白色

流行雜貨（襪子）

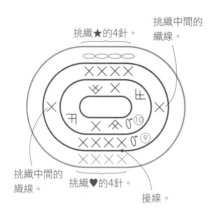

P.24至P.25

線 材 Olympus 25號繡線
白色（850）

針 具 蕾絲鉤針4號・縫針

作 法

織 圖

[襪子 2片]

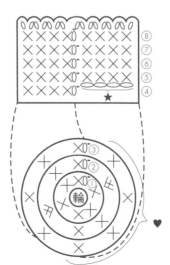

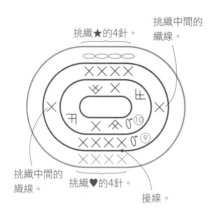

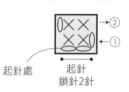

線 材 Olympus 25號繡線
白色（800）粉紅色（1041）深粉紅色（104）

針 具 蕾絲鉤針4號・縫針

作 法

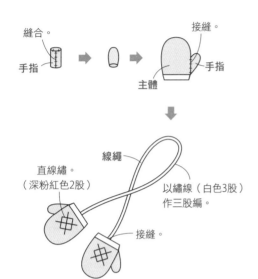

縫合。
手指

接縫。

手指
主體

線繩

直線繡。
（深粉紅色2股）

以繡線（白色3股）
作三股編。

接縫。

織 圖

[主體 2片]
第①至⑤段：粉紅色
第⑥段：白色

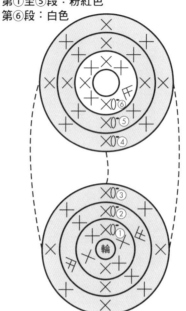

[手指 2片] 粉紅色

起針處

起針
鎖針2針

線 材 Olympus 25號繡線
淺茶色（743）茶色（738）

針 具 蕾絲鉤針4號・縫針

作 法

直線繡。
（茶色6股）

將繡線（茶色6股）
繫成蝴蝶結。

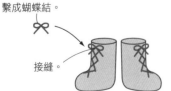

接縫。

織 圖

[主體 2片] 淺茶色

剪線。

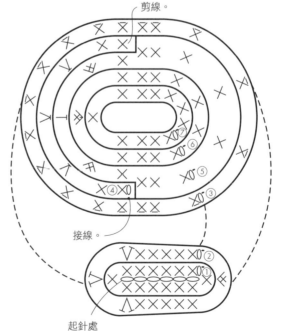

接線。

起針處
起針
鎖針6針

流行雜貨（鞋子）

P.24

線 材 Olympus 25號繡線
紅色（1121）

針 具 蕾絲鉤針4號・縫針

作 法

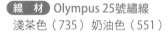
鞋帶

主體

接縫。

製作左右腳。

織 圖

[鞋帶 2片]

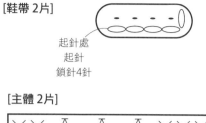

起針處
起針
鎖針4針

[主體 2片]

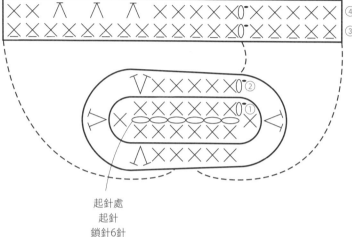

④
③

②
①

起針處
起針
鎖針6針

流行雜貨（帽子A）

P.24至P.25

線 材 Olympus 25號繡線
淺茶色（735） 奶油色（551）

針 具 蕾絲鉤針4號・縫針

作 法

以繡線（奶油色3股）
作三股編。

12cm

以白膠固定線端。

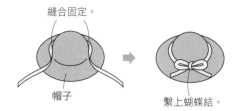

縫合固定。

帽子

繫上蝴蝶結。

織 圖

[帽子] 淺茶色

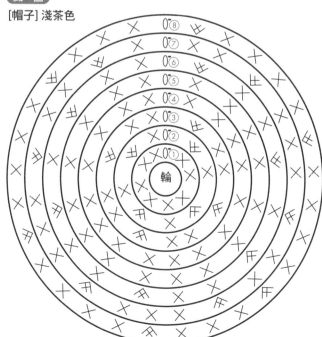

⑧
⑦
⑥
⑤
④
③
②
①

輪

流行雜貨（帽子B）

線 材 Olympus 25號繡線
藍色（3050）白色（800）

針 具 蕾絲鉤針4號・縫針

作 法

以繡線（白色3股）
作三股編。

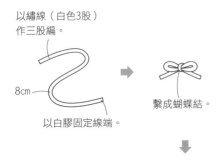

8cm

以白膠固定線端。

繫成蝴蝶結。

帽子

接縫。

織 圖
[帽子] 藍色

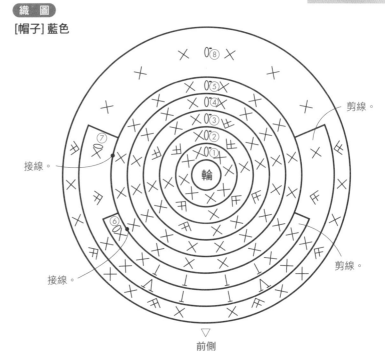

剪線。

接線。

接線。

剪線。

前側

流行雜貨（帽子C）

線 材 Olympus 25號繡線
黃綠色（227）銀色（S105）

針 具 蕾絲鉤針4號・縫針

織 圖

[帽子]
第①至④・⑥・⑦段：黃綠色
第⑤段：銀色

接線。　剪線。

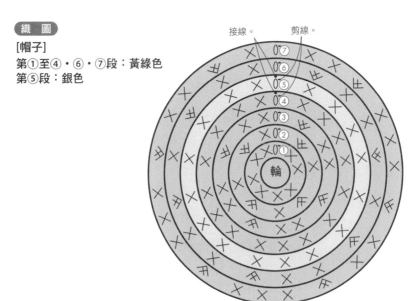

流行雜貨作法參見P.64至P.68。

毛線球帽子項鍊

P.25

材料　皮繩：90cm
　　　單圈：1個
　　　雜貨：毛線球帽子

作法

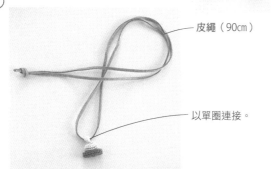

皮繩（90cm）

以單圈連接。

手套項鍊

P.25

材料　皮繩：90cm
　　　雜貨：手套

作法

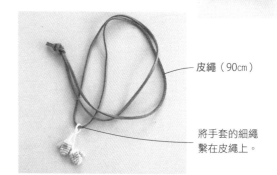

皮繩（90cm）

將手套的細繩
繫在皮繩上。

圍巾項鍊
P.25

材料　皮繩：90cm
　　　雜貨：圍巾

作法

皮繩（90cm）

於圍巾之間
穿入皮繩。

帽子項鍊
P.25

材料　皮繩：65cm
　　　單圈：1個
　　　雜貨：帽子A

作法

皮繩（65cm）

以單圈連接。

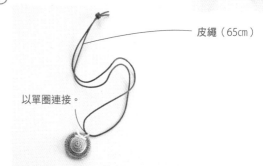

靴子項鍊
P.25

材料　皮繩：65cm
　　　單圈：1個
　　　雜貨：靴子

作法

皮繩（65cm）

以單圈連接。

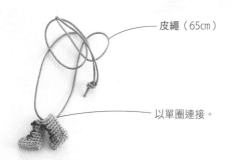

襪子吊飾
P.25

材料　吊飾金屬配件：1個
　　　單圈：2個
　　　雜貨：襪子

作法

吊飾金屬配件

以單圈連接。

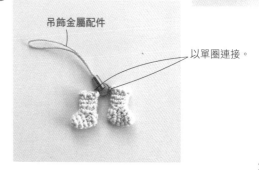

動物（兔子A・貓咪B・小狗C・熊熊D）

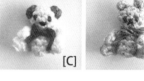

 [A]
 [B]

P.26至P.27

[C]　　　[D]

線 材 Olympus 25號繡線
A：粉紅色（1041）深粉紅色（127）焦茶色（738）
B：奶油色（551）翡翠綠（221）焦茶色（738）
C：白色（800）茶色（713）紅色（701）焦茶色（738）
D-1：駝色（734）藍色（363）焦茶色（738）
D-2：茶色（712）藍色（363）焦茶色（738）
化纖棉

針 具 蕾絲鉤針4號・縫針

作 法

頭部　收緊。　棉花
身體　收緊。　棉花
手　捲針縫。
腳　捲針縫。
接縫。　頭部　身體
接縫。　耳朵　手　腳

直線繡。（焦茶色1股）
緞面繡。（焦茶色1股）

將繡線（6股）掛於頸部，繫作蝴蝶結。

A

※身體的作法：B至D皆與A相同（除了B的耳朵接法＆臉部刺繡之外）。

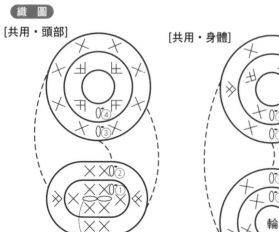
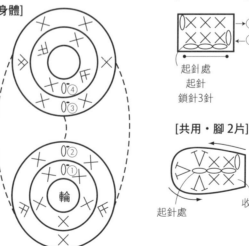

直線繡。（焦茶色1股）
耳朵
對摺後接縫。
緞面繡。（焦茶色1股）

B　　C　　D-1　　D-2

配色組合

	頭部・身體・手・腳	耳朵	蝴蝶結	臉部
A	粉紅色	粉紅色	深粉紅色	焦茶色
B	奶油色	奶油色	翡翠綠	焦茶色
C	白色	茶色	紅色	焦茶色
D-1	駝色	駝色	藍色	焦茶色
D-2	茶色	茶色	藍色	焦茶色

織 圖

[共用・頭部]

[共用・身體]

起針處
起針
鎖針2針

輪

[共用・手 2片]

起針處
起針
鎖針3針

[共用・腳 2片]

起針處
收針處

[耳朵 各2片]

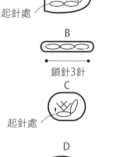

A
起針處

B
鎖針3針

C
起針處

D
起針處

[E]　[F]

線 材 Olympus 25號繡線

E-1：藍色（3705A） 白色（800） 黑色（900） 金黃色（S106）
E-2：茶色（711） 白色（800） 黑色（900） 金黃色（S106）
F：粉紅色（104） 黑色（900） 金黃色（S106）
化纖棉

針 具 蕾絲鉤針4號、縫針

作 法

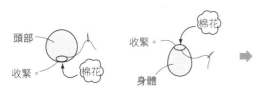
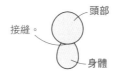

頭部　收緊。　棉花　接縫。　頭部　接縫。　耳朵　口顎部位　手　腳
收緊。　棉花　身體　身體

E-1　將繡線（金黃色3股）掛於頸部，繫作蝴蝶結。

法國結粒繡。（黑色1股）　緞面繡。（黑色1股）　直線繡。（黑色1股）

※身體的作法：E-2・F皆與E-1相同（F則沒有口顎部位）。

E-2　　F

配色組合

	頭部・身體・手・腳	口顎部位	蝴蝶結	臉部
E-1	藍色	白色	金黃色	黑色
E-2	茶色	白色	金黃色	黑色
F	粉紅色	／	金黃色	黑色

織 圖

[頭部]

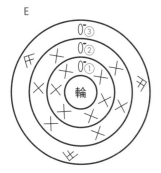

E

[共用・身體]

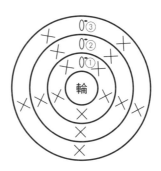

F

[耳朵 2片]

E　　F

起針處　起針處

[口顎部位]

E

起針處

[共用・手・腳 各2片]

起針處
起針
鎖針3針

動物臉譜徽章別針（熊熊・兔子・貓咪）

P.28・P.30

[熊熊A]

[熊熊B]

[線 材] Olympus 25號繡線
熊熊A：藏青色（357）白色（800）黑色（900）灰色（485）
熊熊B：茶色（771）白色（800）黑色（900）
兔子：粉紅色（123）白色（800）黑色（900）
貓咪：黑色（900）白色（800）黃色（522）
化纖棉　徽章別針金屬配件：各1個

[針 具] 蕾絲鉤針4號・縫針

[作 法]

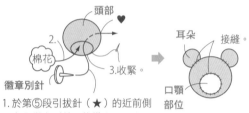

1. 於第⑤段引拔針（★）的近前側穿入徽章別針，鉤織★。

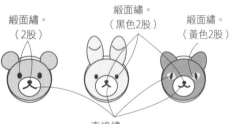

緞面繡。（2股）
緞面繡。（黑色2股）
緞面繡。（黃色2股）
直線繡。（黑色2股）

[織 圖]

[共用・口顎部位] 白色

[熊熊・耳朵 2片]
起針處

[兔子・耳 2片] 粉紅色
起針處

[貓咪・耳 2片] 黑色
起針處

[共用・頭部]

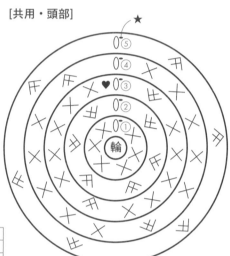

熊熊の配色組合

	頭部・耳朵	口顎部位	眼睛	鼻・口
A	藏青色	白色	灰色	黑色
B	茶色	白色	黑色	黑色

動物臉譜徽章別針（小狗）

P.28・P.30

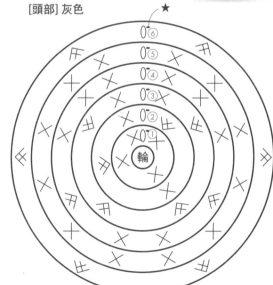

[線 材] Olympus 25號繡線
灰色（485）黑色（900）
化纖棉　徽章別針金屬配件：1個

[針 具] 蕾絲鉤針4號・縫針

[作 法]

於第⑥段引拔針（★）的近前側穿入徽章別針，鉤織★。

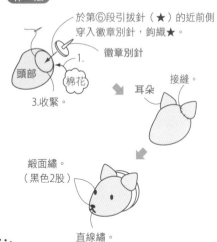

徽章別針

3.收緊。

接縫。

緞面繡。（黑色2股）

直線繡。（黑色2股）

[織 圖]

[耳朵 2片] 灰色
起針處

[頭部] 灰色

動物臉譜徽章別針（大野狼）

P.28・P.30

線 材 Olympus 25號繡線
茶色（784） 淺茶色（743） 黑色（900）
徽章別針金屬配件：1個

針 具 蕾絲鉤針4號・縫針

作 法

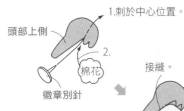

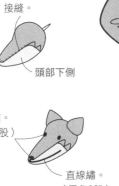

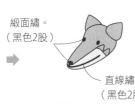

1.刺於中心位置。
頭部上側
2.
棉花
徽章別針
接縫。
頭部下側
耳朵
接縫。
緞面繡。
（黑色2股）
直線繡。
（黑色2股）

織 圖

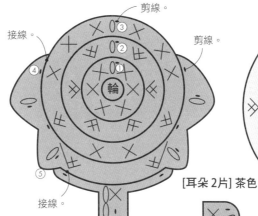

[頭部上側] 茶色
剪線。
接線。
剪線。
③
②
①
輪
④
⑤
接線。
接線。

[頭部下側] 淺茶色
④
③
②
①
輪

[耳朵 2片] 茶色
起針處

········

動物作法參見P.70至P.71。

熊熊&兔兔髮夾

P.27

材 料 髮夾（附台面）：
（金黃色・銀色）各1個
動物：A・D-1

作 法

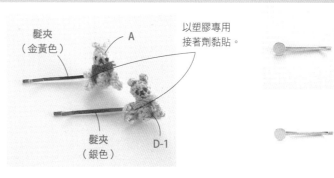

髮夾
（金黃色）
A
以塑膠專用
接著劑黏貼。
髮夾
（銀色）
D-1

熊熊耳環

P.27

材 料
耳飾金屬配件：1組
單圈：2個
飾品鍊條：2.6cm
動物：E-1・E-2

作 法

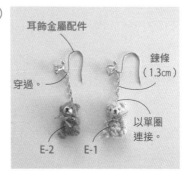

耳飾金屬配件
鍊條
（1.3cm）
穿過。
以單圈
連接。
E-2
E-1

男士用品（汽車）

P.29・P.31

線 材 Olympus 25號繡線
紅色（190）灰色（485）黑色（900）藍色（363）黃色（546）
化纖棉

針 具 蕾絲鉤針4號・縫針

作 法

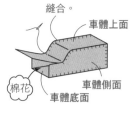

縫合。
車體上面
車體側面
車體底面
棉花

緞面繡。
（藍色6股）
接縫。
輪胎
緞面繡。
（黃色3股）

織 圖

[車體側面 2片] 紅色

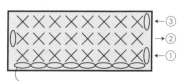

← ③
→ ②
← ①

起針處
起針 鎖針8針

[車體底面] 灰色

← ③
→ ②
← ①

起針處
起針
鎖針8針

[輪胎 4片] 黑色

輪

[車體上面] 起針・第⑫段：灰色
第①至⑪段：紅色

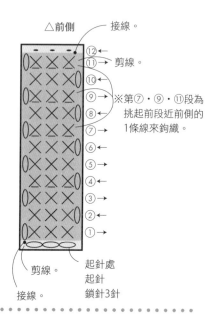

△前側　接線。
⑫ ←
⑪ → 剪線。
⑩ ←
⑨ → ※第⑦・⑨・⑪段為
⑧ ←　挑起前段近前側的
⑦ →　1條線來鉤織。
⑥ ←
⑤ →
④ ←
③ →
② ←
① →

剪線。　起針處
起針
鎖針3針
接線。

男士用品（船）

P.29

線 材 Olympus 25號繡線
白色（800）深藍色（366）紅色（190）藍色（363）
化纖棉

針 具 蕾絲鉤針4號・縫針

作 法

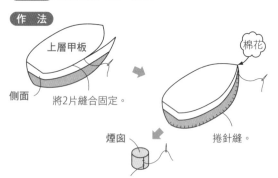

上層甲板
側面
將2片縫合固定。
棉花
捲針縫。
煙囪
捲針縫。
煙囪
接縫。
船艙
緞面繡。
（藍色6股）

織 圖

[上層甲板] 白色

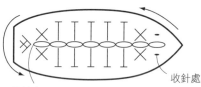

起針處
起針
鎖針8針
收針處

[煙囪] 紅色

起針處

[船艙] 白色

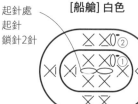

起針處
起針
鎖針2針

[側面] 第①段：白色
第②・③段：深藍色

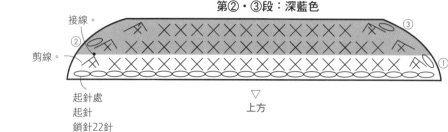

接線。
②
剪線。
③
①

起針處
起針
鎖針22針
▽
上方

男士用品（飛機）

P.29．P.31

線 材 Olympus 25號繡線
白色（800）藍色（363）

針 具 蕾絲鉤針4號．縫針

作 法

織 圖

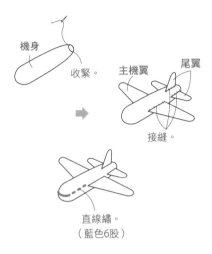

機身
收緊。
主機翼
尾翼
接縫。
直線繡。
（藍色6股）

[機身] 白色

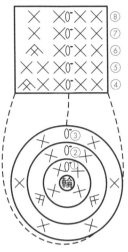

⑧
⑦
⑥
⑤
④
③
②
①
輪

[尾翼 3片] 白色

起針處
起針 鎖針2針

[主機翼 2片] 白色

起針處
起針 鎖針5針

男士用品（照相機）

P.29．P.31

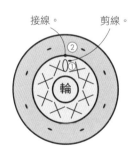

線 材 Olympus 25號繡線
黑色（900）灰色（485）藍色（363）

針 具 蕾絲鉤針4號、縫針

作 法

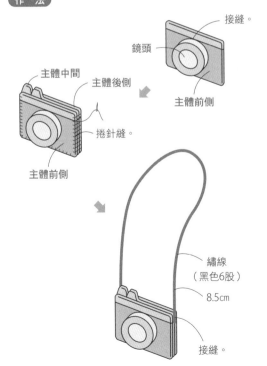

接縫。
鏡頭
主體中間
主體後側
主體前側
捲針縫。
主體前側
繡線
（黑色6股）
8.5cm
接縫。

織 圖

[主體前側・後側 各1片]
第①至③段：黑色
第④段：灰色

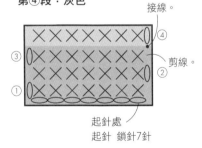

接線。
④
③
剪線。
②
①
起針處
起針 鎖針7針

[鏡頭]
第①段：藍色
第②段：灰色

接線。 剪線。
②
①
輪

[主體中間]
第①至③段：黑色
第④段：灰色

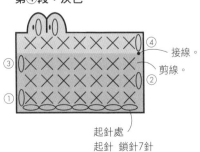

④
③
接線。
剪線。
②
①
起針處
起針 鎖針7針

男士用品作法參見P.74至P.75。

男士用品（喇叭） P.29

線 材 Olympus 25號繡線
橘色（524）

針 具 蕾絲鉤針4號・縫針

織 圖

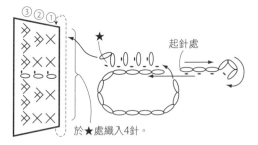

③②①

★

起針處

於★處織入4針。

汽車鑰匙圈 P.31

材 料 鑰匙圈金屬配件：1個
單圈：1個
男士用品：汽車

作 法

鑰匙圈金屬配件

以單圈
連接。

飛機手機吊飾 P.31

線 材 充電口防塵塞：1個
單圈：2個
飾品鍊條：1.5cm
男士用品：飛機

作 法

充電口防塵塞
鍊條（1.5cm）

以單圈
連接。

飛機

照相機掛鍊飾品 P.31

線 材 龍蝦釦：1個
單圈：1個
緞帶：13cm
男士用品：照相機

作 法

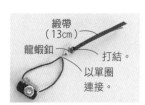

緞帶
（13cm）

龍蝦釦

打結。

以單圈
連接。

基礎編織技法

關於編織用針

本書皆使用蕾絲鉤針4號。

本書所使用の刺繡針法

參見P.41。

關於織線

皆使用25號繡線。
25號繡線是由6股細線撚合成1條粗線，
本書作品即以此一條粗線來進行編織。
進行刺繡時，則應如右圖標示，
從鬆開的6股線中抽出數股線來使用。

<例>

直線繡。（白色3股）

本書所使用の織目記號

＊鎖針の鉤法＊　　 ⓪ 鎖針

①以手指作線圈。

②由線圈中拉出織線。

③將鉤針穿入步驟②中，拉緊
織線，並以鉤針掛線。

④直接引拔鉤出，
即完成1針鎖針。

⑤重複步驟③＆④，
鉤織指定的鎖針數。

＊輪狀起針法＊

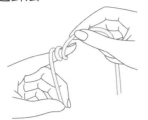 

①於食指上繞線2圈。　②鉤針穿入線圈中，掛線鉤出。　③鉤針再次掛線，直接引拔鉤出。（完成立起針的1針鎖針）　④下一針開始，穿入線圈挑針鉤織。

⑤編織短針。　⑥鉤織指定的短針數，拉一下線端，以收緊線圈。　⑦鉤針穿入最初編織的第1針短針針頭，掛線引拔。

 短針

①鉤針依箭頭方向穿入裡山。　②鉤針掛線＆鉤出織線，接著再次以鉤針掛線。　③一次引拔針上線圈。下一針也以相同方式編織。　④完成5針短針。

 2短針加針

於前段的1個針目中，織入2針短針的織法。　①鉤織1針短針。　②於相同針目中，鉤織另1針短針。　③完成2針短針的加針。

 3短針加針

於前段的1個針目中，織入3針短針的織法。　①鉤織1針短針。　②於相同針目中，鉤織另1針短針。　③再次鉤織另1針短針，完成3針短針的加針。

 2短針併針

分別由前段的2個針目中挑針鉤織成1針的織法。　①鉤針穿入下一個針目中，掛線鉤出。　②鉤針穿入第2個針目＆掛線鉤出，接著再次掛線。　③一次引拔針上所有線圈，完成2短針的併針。

 3短針併針　挑前段的3個針目，鉤織未完成的短針，再一次引拔。

逆短針

①鉤1針鎖針作立起針，依箭頭方向穿入鉤針。

②鉤針掛線鉤出之後，鉤針再次掛線。

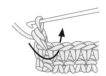
③引拔完成針目。於右側隔壁的針目中，以步驟①至③相同方法編織。

④於右側隔壁的針目中，重複鉤織。

 筋編

①鉤針穿入前段針頭外側的1條線。

②鉤針掛線，將線鉤出。

③鉤針掛線。

④一次引拔針上所有線圈，完成1針的筋編。

 引拔針

①依箭頭方向穿入鉤針。

②鉤針掛線，一次引拔。

③完成1針引拔針。

 中長針

①鉤針掛線，穿入前段的針目。

②鉤針掛線勾出。

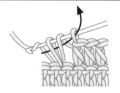
③鉤針掛線。

④一次引拔針上所有線圈，完成1針中長針。

 長針

①鉤針掛線，穿入前段的針目。

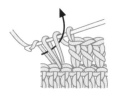
②鉤針掛線鉤出，接著再次以鉤針掛線。

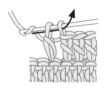
③引拔掛於鉤針上的前2條線圈，鉤針再次掛線。

④一次引拔釘上2線圈，完成1針長針。

 長長針

①鉤針掛線2次，穿入前段的針目。

②鉤針掛線鉤出，接著再以鉤針掛線。

③引拔掛於鉤針上的前2條線圈，鉤針再次掛線。

④再次引拔掛於鉤針上的前2條線圈，鉤針掛線。

⑤一次引拔針上最後2線圈，完成1針長長針。

2中長針
加針

①鉤針掛線，穿入
前段的針目。

②鉤針掛線，
將線鉤出。

③鉤針掛線。

④一次引拔針上
所有線圈，完
成1針中長針。

⑤再次於相同針目中
鉤織中長針，完成
2針中長針的加針。

 2中長針併針　　於前段挑2針，各別鉤織未完成的中長針，最後一次引拔針上所有線圈，2針併成1針。

 3中長針加針　　於前段的1個針目中，織入3針的中長針。

 2長針併針

①鉤針掛線，
穿入前段的
針目。

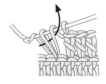
②鉤針掛線鉤出，
接著再次以鉤
針掛線。

③引拔掛於鉤針上的前
2條線圈，鉤針掛線，
穿入下一個針目。

④以步驟②相同方式編織，
引拔掛於鉤針上的前2條
線圈，且鉤針掛線。

⑤一次引拔針上所有
線圈，完成2長針
的併針。

 2長針加針　　於前段的1個針目中，織入2針長針。

 2長針的
玉針

①鉤針掛線，
穿入前段的
針目。

②鉤針掛線鉤出，
接著再次以鉤
針掛線。

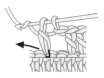
③引拔掛於鉤針上的前2條
線圈。於相同針目，
重複步驟①至③。

④鉤針掛線。

⑤一次引拔針上所有
線圈，完成2針長針
的玉針。

 3長針的玉針　　於相同針目中鉤織3針未完成的長針，再一次引拔針上所有線圈。

 2長長針的
玉針

①鉤針掛線2次，
穿入前段
的針目。

②鉤針掛線鉤出，
鉤針再次掛線，
引拔掛於鉤針上的
前2條線圈。

③鉤針掛線，
引拔掛於鉤針上
的前2條線圈。

④再次於相同針目，
重複步驟①至③，
鉤針掛線，一次引
拔所有線圈。

⑤完成2針長長針
的玉針。

 4長長針的玉針　　於相同針目中鉤織4針未完成的長針，再一次引拔針上所有線圈。

● 樂・鉤織 15

小物控愛鉤織！可愛の繡線花樣編織（暢銷版）

作　　　　者／寺西恵里子
譯　　　　者／彭小玲
發　行　人／詹慶和
選　書　人／Eliza Elegant Zeal
執　行　編　輯／陳姿伶
編　　　　輯／蔡毓玲・劉蕙寧・黃璟安
封　面　設　計／翟秀美・周盈汝
美　術　編　輯／陳麗娜・韓欣恬
內　頁　排　版／造極
出　版　者／Elegant-Boutique 新手作
發　行　者／悅智文化事業有限公司
郵政劃撥帳號／19452608
戶　　　　名／悅智文化事業有限公司
地　　　　址／新北市板橋區板新路 206 號 3 樓
電　　　　話／（02）8952-4078
傳　　　　真／（02）8952-4084
網　　　　址／ www.elegantbooks.com.tw
電　子　信　箱／ elegantbooks@msa.hinet.net

2015 年 10 月初版一刷
2022 年 1 月二版一刷　定價 280 元

SHISHUUITO DE AMU PUCHIKAWA KOMONO
Copyright © 2014 by Eriko Teranishi
Originally published in Japan in 2014 by PHP Institute, Inc.
Traditional Chinese translation rights arranged with PHP Institute, Inc.
through CREEK&RIVER CO., LTD.

經銷／易可數位行銷股份有限公司
地址／新北市新店區寶橋路 235 巷 6 弄 3 號 5 樓
電話／ (02)8911-0825
傳真／ (02)8911-0801

國家圖書館出版品預行編目資料

小物控愛鉤織！可愛の繡線花樣編織 / 寺西恵里
子著；彭小玲譯 . － 二版 . -- 新北市：Elegant-
Boutique 新手作出版：悅智文化發行 , 2022.01
　面；　公分 . -- (樂 . 鉤織；15)
ISBN 978-957-9623-78-0 (平裝)

1. 編織 2. 手工藝

426.4　　　　　　　　　　　　　110021995

作者簡歷

寺西恵里子（Teranishi Eriko）
曾任職於 SANRIO（三麗鷗），擔任兒童商品的企畫設計一職。
離職後，仍以 “HAPPINESS FOR KIDS” 為理念，從事以手藝、
料理、工作為中心，持續擴展手作生活的範疇。實現其創作活
動的媒介，包括實用書、女性雜誌、兒童雜誌及電視節目等，
其個人提案手作的著作更是超過 500 本。

寺西恵里子的相關著作
《365 日子どもが夢中になるあそび》（祥伝社）
《3 歳からのお手伝い》（河出書房新社）
《手作りのお財布とポーチ》（ブティック社）
《作って遊べる！フェルトのおままごと》（辰巳出版）
《カギ針で編むマイクロドール》（日東書院）
《折って遊ぼう！知育折り紙》（成美堂出版）
《リラックマのあみぐるみ with サンエックスの人気キャラ》
（主婦と生活社）
《粘土でつくるスイーツ＆サンリオキャラクター》（サンリオ）
《コツがわかる！工作のきほん（全 4 巻）》（汐文社）
《きれい色糸のかぎ針あみモチーフ小物》（主婦の友社）

素材提供

オリムパス（Olympus）製絲株式会社
本書作品一律使用オリムパス製絲株式会社的繡線。

〒 461-0018
名古屋市東区主税町四丁目 92 番地
TEL 052-931-6679
http://www.olympus-thread.com/

Staff List

攝　　影／奧谷仁
設　　計／ネクサスデザイン（nexas design）
作品制作／森留美子・関亜紀子・高橋直子
　　　　　斎藤沙耶香・室井佑季子
作法插圖／吉田千尋 YU-KI